Augustin Louis Cauchy

ÉQUATIONS DIFFÉRENTIELLES ORDINAIRES

ORDINARY DIFFERENTIAL EQUATIONS

Augustin Louis Cauchy

ÉQUATIONS DIFFÉRENTIELLES ORDINAIRES

Cours inédit

Fragment

ORDINARY DIFFERENTIAL EQUATIONS

Unpublished Course

Fragment

Introduction

Christian Gilain

Préface

Jean Dieudonné

Membre de l'Institut

Publié avec le concours du Centre National de la Recherche Scientifique

ÉTUDES VIVANTES
JOHNSON REPRINT CORPORATION

ÉTUDES VIVANTES
19/21, rue de l'Ancienne Comédie, 75006 PARIS

Québec
ÉTUDES VIVANTES
6700, chemin Côte de Liesse, SAINT-LAURENT H4T 1E3

JOHNSON REPRINT CORPORATION
111, Fifth Avenue, NEW YORK 10003

United Kingdom Edition published by
JOHNSON REPRINT COMPANY LTD
24/28 Oval Road, LONDON NW1 7DX

ÉTUDES VIVANTES ISBN 2.7310.6902.3
JOHNSON REPRINT CORPORATION ISBN 0.384.07950.4

LIBRARY OF CONGRESS CATALOG CARD NUMBER : 80.84146

Dépôt légal : 1er trimestre 1981
Bibliothèque Nationale (Paris)
Bibliothèque Nationale du Québec
Bibliothèque Nationale du Canada

PRINTED IN FRANCE

TABLE DES MATIÈRES

ANNEXE

Programmes de l'enseignement de l'École royale polytechnique arrêtés par le Conseil de perfectionnement

PRÉFACE

On peut dire qu'en gros, le rôle primordial de Cauchy dans l'établissement d'une théorie rigoureuse des équations différentielles et des équations aux dérivées partielles est universellement reconnu; mais dans le détail il subsiste à cet égard bien des incertitudes et des flottements dans les exposés historiques qui en ont été donnés jusqu'à ce jour. La mise au point très fouillée qu'en apporte aujourd'hui M. Ch. Gilain est donc particulièrement bienvenue; l'impression générale qui s'en dégage est que le principal responsable des perplexités des historiens est finalement Cauchy lui-même.

Par diverses allusions glanées dans ses écrits et le témoignage de plusieurs contemporains, on savait que la première méthode imaginée par Cauchy pour prouver l'existence et l'unicité locales de l'intégrale d'une équation différentielle $y' = f(x, y)$, prenant une valeur donnée y_0 en un point donné x_0 (la méthode dite « de Cauchy-Lipschitz ») devait être antérieure à 1830; mais on n'en connaissait jusqu'ici d'exposé détaillé que celui figurant dans les *Leçons* de l'abbé Moigno (1844), rédigées « *d'après les méthodes de M. Cauchy* ». On savait aussi (par un résumé publié par Cauchy en 1835) que cette méthode avait dû être exposée dans les *Leçons de seconde année pour l'École royale polytechnique*, mais on croyait généralement (malgré les affirmations contraires de Moigno et de Cauchy lui-même) que ces *Leçons* n'avaient jamais été imprimées, et que le manuscrit seul (qui n'a pas été retrouvé) avait servi de base au travail de Moigno. M. Gilain a mis en doute le bien-fondé de cette croyance, et bien lui en a pris, car cela lui a permis de retrouver, à la bibliothèque de l'Institut, les feuilles *imprimées* des treize premières de ces *Leçons*, dont il peut aujourd'hui donner la primeur aux historiens des mathématiques.

L'intérêt de cette publication n'est pas contestable. Elle montre tout d'abord que la méthode avait été imaginée par Cauchy au plus tard en 1820 ou 1821, comme il résulte d'un examen détaillé des programmes conservés des cours de l'École polytechnique, et des remarques faites à ce sujet par le Conseil d'instruction de l'École. On y voit aussi combien les conceptions de Cauchy tranchaient par leur originalité sur celles de ses contemporains; et il est piquant de noter les réserves exprimées à cet égard par les autres membres de ce Conseil, un peu effarés par l'effet redouté de ces nouveautés sur les élèves! Par son refus de se satisfaire des vagues arguments en cours à l'époque sur la détermination d'une solution par le calcul des coefficients de sa « série de Taylor » (sans, bien entendu, aucune démonstration de convergence), par le soin qu'il apporte à préciser le domaine d'existence d'une solution, par son utilisation constante des inégalités (allant bien au-delà des timides essais de Lagrange), Cauchy inaugure vraiment une nouvelle manière de considérer l'analyse.

On ignore pourquoi l'impression des feuilles des *Leçons de seconde année* fut interrompue, mais il est un peu surprenant que Cauchy, qui publiait tant, n'ait pas inséré sa méthode dans un autre de ses ouvrages. Il est possible comme l'indique M. Gilain, qu'après la découverte par Cauchy, vers 1835, de sa « méthode des majorantes », qui justifiait enfin, pour les équations *analytiques*, la convergence des développements en séries des solutions, il l'ait considérée comme bien supérieure à sa première méthode, qui n'aurait été pour lui qu'un pis-aller, et qu'il ait laissé à l'abbé Moigno le soin d'exposer (d'ailleurs de façon imparfaite) cette dernière, dont il se désintéressait. Si, à présent, nous voyons dans cette attitude un recul, il ne faut pas oublier le rôle prépondérant qu'attribuaient tous les mathématiciens du XIXe siècle aux fonctions analytiques, surtout après les découvertes de Cauchy, Riemann et Weierstrass dans ce domaine. Ce n'est guère avant 1880 que l'on a commencé à considérer qu'il valait la peine de ne pas se limiter à l'étude de ces fonctions, mais il est remarquable que lorsqu'on a voulu aborder cette étude, c'est encore dans l'œuvre de Cauchy que l'on en a trouvé les moyens.

J. Dieudonné
membre de l'Académie des sciences de Paris

PREFACE
by Jean Dieudonné

Broadly speaking, the primordial role of Cauchy in founding a rigorous theory of ordinary and partial differential equations is universally recognised; nevertheless, in matters of detail there remain several hesitations and uncertainties in the historical accounts hitherto available. It is therefore particularly welcome that Mr. Ch. Gilain has focused his attention on these questions. The general impression that emerges is that the main cause of the historians' perplexities is ultimately Cauchy himself.

From various allusions gleaned from his writings, and from the evidence of several contemporaries, it was known that the first method that Cauchy devised for proving the local existence and uniqueness of the integral of a differential equation $y' = f(x, y)$ which takes a given value y_0 at a given point x_0 (the so-called " Cauchy-Lipschitz method ") must have been discovered prior to 1830; but until now the only detailed source for this method has been the *Leçons* of the abbé Moigno (1844), " following the methods of Mr. Cauchy ". It was also known (from a *résumé* published by Cauchy in 1835) that this method must have featured in the *Leçons de seconde année pour l'École royale polytechnique*, but it was generally believed (in spite of assertions to the contrary by Moigno and Cauchy himself) that these lectures were never printed, and that only the manuscript (which has not been found) had served as the basis for Moigno's work. Mr. Gilain was skeptical of this belief; and it was well for him that he was, for it led him to the discovery, in the library of the Institut, of the *printed* pages of the first thirteen of these lectures, which he is now able to present to the attention of historians of mathematics.

The importance of this publication is beyond question. First of all, it shows that Cauchy had invented the method by 1820 or 1821 at latest; this follows from a detailed examination of the programs of courses preserved at the École polytechnique, and from the remarks made on this subject by the *Conseil d'instruction* of the École. It also becomes clear that Cauchy's ideas far surpassed in originality those of his contemporaries; and it is *piquant* to note the reservations expressed in this respect by the other members of this *Conseil*, who were plainly somewhat apprehensive of the effect of these new-fangled ideas on the pupils! By his refusal to be satisfied by the vague arguments current at that time on the determination of a solution by calculating the coefficients of its Taylor series (without, of course, any proof of convergence), by the care with which he defines the domain of existence of a solution, and by his constant use of inequalities (going well beyond the timid attempts of Lagrange), Cauchy truly inaugurated a new era in Analysis.

Why the printing of the *Leçons de seconde année* was interrupted is still a mystery; but it is somewhat surprising that Cauchy, who published so much, did not insert his method in another of his works. It is possible, as Mr. Gilain indicates, that when Cauchy discovered (about 1835) the " method of majorants ", which finally justified, for *analytic* equations, the convergence of solutions obtained as series expansions, he regarded this new method as far superior to the other, which for him then became no more than a second-best; he lost interest in it, and left it to the abbé Moigno to publish an (imperfect) account. If we find this attitude surprising nowadays, we should not forget the preponderant role accorded by all the mathematicians of the nineteenth century to analytic functions, especially after the discoveries of Cauchy, Riemann, and Weierstrass in this domain. It was not until the 1880s that mathematicians began to consider that it might be worthwhile to explore outside this domain; and it is remarkable that when this exploration began, it was Cauchy's work which again provided the means.

INTRODUCTION

L'importance de l'apport d'Augustin Cauchy à la théorie des équations différentielles ordinaires est universellement reconnue dans les écrits d'histoire des mathématiques et dans les articles sur Cauchy. Il a véritablement fondé la théorie moderne des équations différentielles en posant et en résolvant le problème de l'existence de la solution d'une équation différentielle générale pour des conditions initiales données; il a de plus fourni plusieurs méthodes pour démontrer cette existence. C'est ce qu'indique en particulier Paul Painlevé dans un article devenu classique de l'*Encyclopédie des sciences mathématiques* (1) : « *C'est A.L. Cauchy qui a assis sur des bases indestructibles la théorie générale des équations différentielles. La plupart des travaux relatifs aux fondements de cette théorie pouvant être rattachés aux méthodes de A.L. Cauchy, nous allons analyser successivement ces diverses méthodes, en les faisant suivre des travaux postérieurs qui les perfectionnent et les complètent.* » (2)

Cet article fut écrit à un moment où la théorie des équations différentielles ordinaires avait atteint à une maturité certaine grâce notamment aux travaux de E. Picard et de Painlevé lui-même. La distinction des trois méthodes pour prouver l'existence des solutions — méthode de Cauchy-Lipschitz, du calcul des limites, des approximations successives — était alors mathématiquement claire relativement à leurs hypothèses et leurs avantages respectifs. Les thèmes de cet article concernant la présence chez Cauchy de ces trois méthodes distinctes, se retrouvent dans la plupart des écrits ultérieurs sur l'histoire du sujet. Il en est de même des affirmations de l'article sur la question des matériaux disponibles : la première méthode dite de Cauchy-Lipschitz a été enseignée par Cauchy dans ses leçons à l'École polytechnique entre 1820 et 1830, leçons qui n'ont pas été rendues

(1) « Existence de l'intégrale générale. Détermination d'une intégrale particulière par ses valeurs initiales », édition française, Paris-Leipzig, 1910, t. II, vol. 3, fasc. 1, pp. 1-57. L'édition allemande date de 1900.
(2) *Op. cit.*, p. 5.

publiques; la méthode est cependant connue par un résumé figurant dans le *Mémoire sur l'intégration des équations différentielles* (3) écrit à Prague en 1835 et par les leçons de l'abbé Moigno, rédigées d'après les méthodes de Cauchy (4). Les historiens admirent l'idée que cela constituait les seules traces écrites des leçons de Cauchy (5) et s'en contentèrent. L'ensemble de cette situation donnait au problème de l'histoire des théorèmes d'existence chez Cauchy toutes les apparences d'un problème clos.

Cependant, au double point de vue de la conception de cette histoire et des matériaux historiques, il était nécessaire de le reprendre. En effet, en dépit de la richesse de son article en informations historiques, Painlevé ne se donnait pas vraiment pour but d'écrire une histoire des théorèmes d'existence. Conformément au genre de l'*Encyclopédie des sciences mathématiques*, il s'agissait plutôt, comme le montre la citation précédente (*supra* p. XI) de présenter l'état de la théorie à son époque, et de l'introduire d'une manière historique. On aboutit ainsi le plus souvent à une chronologie qui, aussi précise soit-elle, ne suffit pas à épuiser l'analyse historique. Pour le sujet qui nous concerne ici, des questions restaient posées : quel était le contenu exact de ces trois méthodes chez Cauchy et leurs statuts respectifs dans *sa* théorie des équations différentielles? Ces statuts n'ont-ils pas évolué au cours de sa vie mathématique? Étaient-ils les mêmes que les statuts de ces méthodes dans la théorie des équations différentielles à l'époque où Painlevé écrivait son article?

A partir du moment où l'on voulait essayer de répondre à de telles questions, il s'en posait nécessairement d'autres relatives à l'imprécision des matériaux disponibles. Pouvait-on se contenter comme références pour connaître la première méthode de Cauchy d'un résumé de trois pages ou des leçons de Moigno dont le sous-titre précise qu'elles ont été rédigées « *principalement d'après les méthodes de M. A.L. Cauchy et* étendues aux travaux les plus récents des géomètres » (6), et qui sont postérieures d'une vingtaine d'années aux leçons de Cauchy? Quel était le contenu exact de ces dernières leçons? Pourquoi n'en resterait-il aucune trace écrite directe? Abordons d'abord ces dernières questions.

---

(3) Cauchy, *Œuvres complètes*, s. 2, t. XI, pp. 399 *sqq*.

(4) *Leçons de calcul différentiel et de calcul intégral*, t. 2, Paris, 1844. Notons que dans les écrits contemporains, la référence aux leçons de Moigno tend à diminuer au profit de la référence directe au mémoire de Cauchy.

(5) Painlevé indiquait cependant que les leçons avaient été « *autographiées à cette époque* ». Mais, même répétée parfois par les historiens, cette affirmation n'a pas conduit à l'idée que l'on pouvait essayer de retrouver ces documents.

(6) *Op. cit.*, souligné par nous.

L'EXISTENCE DES FEUILLES IMPRIMÉES ET LE COURS DE L'ÉCOLE POLYTECHNIQUE

Si on se reporte aux *Œuvres complètes* de Cauchy (1), les leçons à l'École polytechnique figurent dans la seconde partie de la série 2, consacrée aux « ouvrages classiques » (2). Trois absences y sont effectivement signalées par les éditeurs des *Œuvres*, en tête du *Cours d'analyse de l'École royale polytechnique; 1re partie - analyse algébrique* (3), du *Résumé des leçons données à l'École royale polytechnique sur le calcul infinitésimal; tome premier* (4) et des *Leçons sur les applications du calcul infinitésimal à la géométrie. Tome premier* (5).

Mais on ne trouve aucune caractérisation d'ensemble de ces manques. En fait, les remarques locales des éditeurs s'inspirent directement d'indications données par Cauchy lui-même dans un avertissement ou une introduction à chacun des ouvrages et qui fournissent quelques renseignements supplémentaires (6). Il en ressort que le second tome du *Résumé* et le troisième volume des *Leçons* devaient correspondre à l'enseignement de deuxième année de l'École polytechnique. Les choses apparaissent moins claires, par contre, en ce qui concerne le *Cours d'analyse;*

---

(1) Paris, Gauthier-Villars, 1882-1974. L'ensemble comprend vingt-sept volumes répartis en deux séries. Dans la suite, cette référence sera désignée par les initiales *O.C.*

(2) Cette partie comprend les tomes III, IV, et V de la série 2.

(3) Paris, Debure, 1821; *O.C.*, 1897, s. 2, t. III. « *Le cours d'analyse devait comprendre plusieurs parties dont la première seule a été publiée par Cauchy.* »

(4) Paris, Debure, 1823; *O.C.*, 1899, s. 2, t. IV. « *Le résumé des leçons données à l'École royale polytechnique devait comprendre deux volumes dont le premier seul a éte publié par Cauchy.* » Nous nous référons à cet ouvrage sous la dénomination *Résumé.*

(5) Paris, Debure, 1826 (t. I), 1828 (t. II); *O.C.*, 1903, s. 2, t. V. « *Les leçons sur les applications du calcul infinitésimal à la géométrie devaient comprendre trois volumes dont les deux premiers seuls ont été publiés par Cauchy.* »
Nous nous référons à cet ouvrage sous la dénomination *Leçons.*

(6) Remarquons que les éditeurs n'ont pas relevé l'absence de la suite des *Leçons sur le calcul différentiel* (Paris, Debure, 1829; *O.C.*, s. 2, t. IV), alors que Cauchy indiquait que cet ouvrage devait être suivi d'un second volume consacré au calcul intégral. D'après son avertissement, il s'agissait d'établir ainsi une nouvelle édition en deux volumes du *Résumé* de 1823.

Cauchy indique : « *J'en offre ici la première partie connue sous le nom d'analyse algébrique* », mais il ne dit pas ce que devaient être les autres parties.

Pour éclaircir ce point, nous avons pensé à nous reporter aux programmes officiels des cours de l'École polytechnique [(7)]. Ceux-ci montrent que dans cette période le contenu et l'organisation du cours d'analyse ont quelque peu varié. Jusqu'à l'année scolaire 1821-22 comprise, le cours d'analyse de première année était divisé en trois parties : « Analyse algébrique », « Calcul différentiel et intégral », « Application du calcul différentiel et intégral à la géométrie ». Cependant, à partir de l'année 1820-21, la part de l'analyse algébrique dans le programme diminue, son contenu étant en partie refondu dans le « Calcul différentiel et intégral » et le reste n'étant plus enseigné. En 1822-23, le nom même disparaît pour laisser place à un paragraphe consacré à des « Préliminaires » qui, lui-même, est supprimé à partir de l'année 1825-26. Le Cours d'analyse de seconde année comprend lui essentiellement la suite du calcul intégral (étude des équations différentielles) et, à partir de l'année 1821-22, les applications géométriques correspondantes [(8)]. Une comparaison entre le contenu des trois ouvrages *(Analyse algébrique, Résumé* et *Leçons)* reproduits dans les *Œuvres* et le programme officiel du cours d'analyse nous conduit à deux conclusions : ces ouvrages correspondent à la publication de la totalité du cours d'analyse de Cauchy de première année à l'École polytechnique, en particulier la suite de l'*Analyse algébrique* de 1821 n'est pas autre chose que le *Résumé* de 1823 consacré au calcul différentiel et intégral [(9)], les applications géométriques figurant dans les *Leçons* de 1826 et 1828; par contre, il manque dans les *Œuvres complètes* la totalité du cours de seconde année de Cauchy.

Comme l'indique le programme, c'est le cours de seconde année qui comprenait l'exposé de la théorie des équations différentielles ordinaires. On le savait d'ailleurs par les écrits où Cauchy évoquait sa première méthode de démonstration d'existence, par exemple dans le mémoire de Prague de 1835 : « *La première et peut-être jusqu'à présent la seule méthode qui remplisse ce double but, pour un système quelconque d'équations différentielles me paraît être celle que j'ai publiée dans les* Leçons de seconde année pour l'École royale polytechnique. » [(10)] Une telle déclaration conduit de plus à se poser la question de l'existence de ce cours sous forme écrite puisque Cauchy évoque la publication de sa méthode et que la typographie particulière donne à la référence à ses *Leçons* la forme d'un titre. Une autre indication allant dans le même sens est donnée par Moigno dans l'introduction au tome 2 de ses *Leçons* en 1844. Il écrit, à propos de la même méthode : « *Cette méthode, qui*

---

(7) *Programmes de l'enseignement de l'École royale polytechnique, arrêtés par le Conseil de perfectionnement.* Ils étaient imprimés chaque année et comprenaient aussi la « Distribution du temps » et les programmes pour l'admission à l'École. On peut les consulter aux Archives de l'École polytechnique.

(8) Nous publions en Annexe : le programme d'analyse algébrique pour l'année 1819-20; le programme du cours d'analyse de première année pour 1822-23; le programme du cours d'analyse de deuxième année pour 1823-24. Ils permettent de faire la comparaison avec les ouvrages imprimés de Cauchy. Signalons qu'à cette époque, la commission du Conseil de perfectionnement chargée des programmes d'analyse comprenait notamment Laplace, Poisson et de Prony (d'après les procès-verbaux du Conseil de perfectionnement de l'École polytechnique).

(9) Notons d'ailleurs que la mention « Cours d'Analyse » figure en haut de chaque page de l'édition originale de 1823 de ce *Résumé.*

(10) *O.C.*, s. 2, t. XI, p. 400.

fut un grand pas dans la science, a été imprimée (11), *mais les feuilles qui la contenaient n'ont pas été livrées au public; elle est par conséquent très peu connue.* » (12)

De telles déclarations étaient à prendre au sérieux, mais c'est la lecture des procès-verbaux manuscrits des Conseils d'instruction et de perfectionnement de l'École polytechnique (13) qui nous a conduit à la certitude que les leçons de Cauchy de seconde année avaient bien été, en partie, imprimées. Il ressort de ces procès-verbaux que dès 1820 (séance du 15 juin du Conseil d'instruction) il a été demandé aux professeurs d'analyse, pour faciliter le travail des élèves, de rédiger au moins les parties de leurs cours non traitées dans les ouvrages classiques (14). Les conseils feront régulièrement pression sur les professeurs en question — Ampère et Cauchy — pour qu'ils donnent ces rédactions. Les ouvrages de Cauchy dont on a parlé précédemment sont certainement les fruits de cette demande, comme le confirme son introduction à l'ouvrage de 1821 et encore plus nettement l'avertissement à celui de 1823 (15). Qu'en est-il du cours de seconde année? Les bilans mensuels sur l'état de l'enseignement faits par le Conseil d'instruction permettent de déterminer que Cauchy et Ampère (16) faisaient alternativement le cours de première année (2ᵉ division) et de deuxième année (1ʳᵉ division), et que Cauchy était chargé du cours de seconde année en 1823-24 notamment. Or, il y a dans les procès-verbaux du Conseil d'instruction de cette année scolaire des indications assez précises concernant l'impression des feuilles d'analyse. Du conseil du 8 janvier 1824 ressort que ces feuilles devaient être imprimées à l'Imprimerie royale et vendues aux élèves. Puis, dans le procès-verbal de la séance du 6 juin 1824, on lit : « *M. Cauchy : Ses feuilles de rédaction sont aussi en retard; mais il est pourtant parvenu à en faire tirer sept dans le cours d'une semaine.* »

La certitude ainsi acquise de l'impression d'une partie au moins des leçons de Cauchy de seconde année (17) conduisait à regarder plus attentivement les fonds

(11) Souligné par nous.
(12) *Op. cit.*, p. XXXV.
(13) Procès-verbaux conservés aux Archives de l'École polytechnique.
(14) Ce fait est aussi rapporté dans l'*Histoire de l'École polytechnique* de A. Fourcy (Paris, 1828). Il y est indiqué (p. 364) qu'à partir de 1823 a été constituée une commission chargée de réviser les feuilles de rédaction. Cette commission, présidée par Laplace, comprenait l'inspecteur des études, les deux examinateurs de mathématiques et les deux professeurs d'analyse, c'est-à-dire probablement : J.P.M. Binet, Poisson, de Prony, Ampère et Cauchy.
(15) « *Cet ouvrage, entrepris sur la demande du Conseil d'instruction de l'École royale polytechnique, offre le résumé des leçons que j'ai données à cette École sur le calcul infinitésimal.* »
L'emploi du mot « résumé » dans le titre même de l'ouvrage correspond sans doute au fait que la direction de l'École insistait pour que les rédactions des leçons ne soient que des résumés afin qu'elles parviennent rapidement aux élèves, et que ceux-ci ne se désintéressent pas du cours oral. Il ne nous semble pas cependant que les leçons écrites ainsi publiées par Cauchy soient sensiblement restreintes par rapport à ses leçons orales si l'on songe que d'après l'emploi du temps officiel de l'École polytechnique (voir *supra* note (7), p. XIV) le cours d'analyse de première année était semestriel et comprenait cinquante leçons d'une heure et demie chacune, dont quinze leçons consacrées aux applications à la géométrie.
(16) Cauchy enseignera à l'École polytechnique comme professeur titulaire de 1816 jusqu'à son exil en 1830. Ampère sera remplacé par Mathieu en 1828.
(17) Les procès-verbaux du Conseil d'instruction montrent aussi que le cours d'Ampère de première année a été en partie imprimé. Dans la séance du 1ᵉʳ avril 1824, à la demande de l'état des feuilles de rédaction, « *M. Ampère répond qu'il a fourni la 8ᵉ et qu'il y en a une à l'impression* ».
Ampère s'était d'ailleurs plaint de cette obligation dans une lettre à Éliza Carron du 10 février 1824 (*Correspondance du Grand Ampère*, Paris, 1943, vol. III, p. 938) : « *Il m'est impossible d'exprimer la peine que j'éprouve par l'excès de travail auquel je suis assujetti par l'ordonnance du Ministre qui oblige les professeurs de l'École polytechnique à rédiger et à imprimer leurs leçons que jusqu'à présent on avait seu-*

Cauchy des principales bibliothèques. Cette recherche devait aboutir à deux reprises : à la bibliothèque de l'Institut de France et à celle de l'École nationale des ponts et chaussées à Paris (18). A la bibliothèque de l'Institut, on trouve dans un volume relié intitulé « Cauchy-Mélanges » (19) les treize premières leçons (20) de seconde année qui constituent le document présenté dans ce livre (21). On remarque que le titre général est le même que celui de l'ouvrage paru en 1823 (22) marquant ainsi la continuité des leçons d'analyse de première et de seconde année (23), avec le sous-titre « Suite du calcul infinitésimal » et en bas de page la mention « Leçons de M. Cauchy. 2e Année ».

A la bibliothèque de l'École des ponts et chaussées se trouve un autre exemplaire comprenant seulement les neuf premières leçons et ayant appartenu à de Prony, directeur de l'École. A sa mort en 1839, les archives personnelles de celui-ci ont en effet été données à l'École par sa nièce Madame de Corancez (24). Il n'a pas été possible par contre de déterminer l'origine de l'exemplaire de la bibliothèque de l'Institut. Deux éléments peuvent cependant permettre d'avancer une hypothèse. La première page des leçons porte le tampon « Bibliothèque de l'Institut *royal* de France » (25) ce qui implique que le document a été déposé au plus tard en 1848, c'est-à-dire du vivant de Cauchy. D'autre part, si les neuf premières leçons sont identiques à celles de l'exemplaire de l'École des ponts et chaussées, les leçons 10 à 13 apparaissent comme les premières épreuves d'imprimerie envoyées à Cauchy, suivant les inscriptions manuscrites qui figurent à six endroits, au début des cahiers d'imprimerie. Il n'est donc pas invraisemblable de penser, c'est notre hypothèse, que cet exemplaire des leçons comprenant de telles épreuves ait été donné à l'Académie des sciences par Cauchy lui-même. L'inscription manuscrite sur les épreuves des leçons 10 à 13 donne aussi une indication de date : « 11 juillet 182[redacted] » le dernier chiffre de l'année manquant malheureusement, peut-être coupé au moment de la reliure du volume « Cauchy-Mélanges ». Cependant, il nous semble très probable qu'il s'agisse du 11 juillet 1824. Cette date est en effet cohérente avec celles des séances du Conseil d'instruction évoquées précédemment (26).

---

lement données de vive voix (...) C'est un travail au moins de six mois à m'y mettre tout entier et à recommencer ensuite pour la seconde partie du cours. »
Voir *infra* note (34) p. XVIII.

(18) Nous n'avons par contre rien retrouvé dans les autres principales bibliothèques parisiennes (Bibliothèque nationale, École polytechnique, Sorbonne, etc.). Rien n'a été retrouvé non plus à la bibliothèque de l'Académie des sciences de Turin. Quant au catalogue du British Museum et au *National Union Catalog*, ils font figurer après le *Résumé* de 1823 la mention « *No more published* ».

(19) Cote 4° M 880 A_2. Ce volume contient aussi trois mémoires connus de Cauchy, tous trois publiés en 1837 (*O.C.*, s. 2, t. I, p. 416; *O.C.*, s. 2, t. II, p. 5; *O.C.*, s. 2, t. XV, p. 483).

(20) La treizième leçon étant incomplète.

(21) Cette découverte a été annoncée dans notre communication au XVe Congrès international d'histoire des sciences (Édimbourg, août 1977).

(22) C'est peut-être ce qui explique que, bien que figurant explicitement au catalogue de la bibliothèque de l'Institut, il n'ait jamais attiré l'attention des historiens.

(23) La mention « Cours d'Analyse » figure aussi en haut de chaque page comme dans l'édition originale du *Résumé* de 1823.

(24) D'après le catalogue des livres de la bibliothèque de l'ENPC, Paris, 1894.
Les neuf leçons de seconde année figurent avec celles de première année à la cote 382 C 22. On remarque quelques annotations, probablement de la main de de Prony, situées dans les premières leçons de seconde année et visant à expliciter certains calculs conduisant à des formules énoncées par Cauchy.

(25) Souligné par nous.

(26) Ajoutons deux éléments qui peuvent confirmer cette date. D'une part, Cauchy fait au long de ces

Comment un tel document, imprimé et situé dans une bibliothèque connue pour son fonds Cauchy, a-t-il pu échapper aux investigations notamment des éditeurs des *Œuvres complètes?* Pour le comprendre, il faut se rappeler que le plan d'ensemble des *Œuvres* a été mis au point à partir de la bibliographie contenue dans le tome II du livre de C.A. Valson : *la Vie et les travaux du baron Cauchy* (27). Valson indiquait sa démarche et ses sources dans son introduction au tome II et se proposait notamment « *de faire une revue générale des écrits publiés par Cauchy, pendant sa longue carrière, et d'en dresser un catalogue exact et complet* » (28). La plus grande difficulté rencontrée par Valson dans cette tâche a été, dit-il, l'établissement de la liste complète des mémoires détachés de Cauchy. Cependant, ayant pu utiliser un répertoire établi par un père jésuite avec l'aide de Cauchy, Valson affirme : « *Enfin, je ne crois point trop m'avancer en disant que si, malgré tous mes soins, un très petit nombre d'écrits ont échappé à mon énumération, ils n'ont qu'une importance secondaire.* » (29)

En ce qui concerne le cours de Cauchy à l'École polytechnique, Valson se contente (30) de donner la liste des quatre ouvrages classiques publiés entre 1821 et 1829, et d'indiquer que le *Cours d'analyse* de 1821 est « *la plus importante de ces publications* ». Se limitant apparemment aux écrits publiés, il ne pose pas le problème du cours de seconde année. La problématique de Valson a été systématiquement suivie et, en particulier, le dernier volume clôturant les *Œuvres complètes*, paru en 1974, a été consacré à la dernière catégorie de matériaux qui restait à publier pour épuiser la classification initiale : les mémoires détachés. Le problème qui était posé était de retrouver les publications indiquées par Valson ou d'autres mémoires détachés (31), et non de revoir globalement la classification et ses manques.

Les feuilles présentées ici constituent un volume presque aussi important que le *Résumé* des leçons de calcul infinitésimal de première année édité en 1823 qui comprend 160 pages in-quarto. Mais il reste que le cours de seconde année n'est qu'incomplètement retrouvé, le programme officiel nous donnant une idée des matières de la partie manquante.

Existe-t-il une suite imprimée à ces feuilles? Plusieurs éléments nous conduisent à penser que cela est peu probable (32). L'exemplaire de de Prony, figurant à

---

treize leçons des références précises au « *tome Ier* » qui correspondent à la pagination de l'édition de 1823 chez Debure. D'autre part, au cours des années scolaires postérieures, comme 1825-26, où Cauchy enseignera en seconde année, non seulement n'apparaît pas d'information dans les procès-verbaux du Conseil d'instruction sur l'impression de leçons, mais encore une modification se produit dans son cours qui peut permettre de comprendre l'absence de suite imprimée après la 13e leçon (voir *infra* p. XIX.

(27) Paris, 2 tomes, 1868. Réédition en un seul volume avec une préface de M. Taton, Paris, Blanchard, 1970.
Valson a été adjoint aux membres de la section géométrie de l'Académie qui ont préparé l'édition des *Œuvres complètes*.

(28) *Op. cit.*, t. II, p. VII.

(29) *Op. cit.*, t. II, p. IX.

(30) *Op. cit.*, t. II, pp. 28-29.

(31) En particulier, ceux signalés par Boncompagni qui avait, dès 1869, précisé la nomenclature de Valson sur les mémoires détachés (*Bullettino di Bibliografia e di Storia delle scienze matematiche e fisiche*, t. II, 1869, pp. 1-102).

(32) Remarquons que la 136e et dernière page correspond bien à la fin d'un cahier d'imprimerie.

l'École des ponts et chaussées, ne comprend que les neuf premières leçons. Or, celui-ci étant à l'École polytechnique l'examinateur de mathématiques chargé de la même promotion d'élèves que Cauchy, il est vraisemblable que lui étaient communiqués tous les documents relatifs aux cours sur lesquels il devait interroger les élèves en fin d'année. Les leçons 10 à 13 du document de l'Institut sont, comme on l'a signalé, les premières épreuves envoyées par l'Imprimerie royale à Cauchy et qui n'ont apparemment pas été corrigées et renvoyées par lui. On peut donc penser que ces leçons n'ont pas été, contrairement aux neuf premières, imprimées à plusieurs exemplaires (33) et l'existence d'une suite même sous forme d'épreuves nous semble douteuse. D'autant que l'on peut remarquer une même interruption de l'impression du cours parallèle d'Ampère de première année (34). Les procès-verbaux des Conseils d'instruction et de perfectionnement des années suivantes, s'ils contiennent périodiquement des demandes de la direction de l'École aux professeurs d'analyse de rédiger leurs feuilles de cours, ne signalent pas l'impression de telles feuilles (35). Quant à l'éventuelle suite manuscrite du cours de seconde année de Cauchy, nos recherches pourtant nombreuses n'ont pas encore permis de la retrouver (36, 37).

Une question reste : pourquoi Cauchy n'a-t-il jamais publié son cours de seconde année alors qu'il a publié intégralement son cours de première année entre 1821 et 1828 et commencé en 1829 une seconde édition de l'ouvrage de 1823? Avançons quelques hypothèses. Interviennent d'abord les circonstances qui ont fait que l'impression des feuilles de seconde année s'est arrêtée. La date du 11 juillet qui figure sur les épreuves des dernières leçons montre que l'on était alors assez près de la fin de l'année scolaire (38).

---

(33) Un autre élément peut renforcer cette opinion. Alors que Moigno (voir *supra* p. xv) parlait de feuilles imprimées pour la méthode d'existence dans le cas d'une seule équation différentielle — méthode qui, on le verra, est exposée dans les 7e et 8e leçons de Cauchy —; pour le cas d'un système — traité par Cauchy dans la 13e leçon — il indique : « *Cette Leçon de M. Cauchy*, entièrement inédite, *me semble tout à fait remarquable par son élégante simplicité.* » (*Op. cit.*, p. XXXVI) (souligné par nous).

(34) C'est son *Précis de calcul différentiel et de calcul intégral*, 152 pages in-quarto, qui s'interrompt aussi au milieu d'une leçon à la fin d'un cahier d'imprimerie. Il en existe notamment un exemplaire à la bibliothèque de l'École normale supérieure de Paris.

(35) Est signalée cependant, lors de la séance du Conseil de perfectionnement du 11 décembre 1829, la publication par Cauchy « *de la partie de son cours qui traite du calcul différentiel* ». Il s'agit sans doute de l'ouvrage classique *Leçons sur le calcul différentiel* (*O.C.*, s. 2, t. IV).

(36) Par contre, figure aux Archives de l'Académie des sciences de Paris une copie manuscrite du cours d'Ampère (cart. 4, chap. 4, chem. 74) qui commence presque à l'endroit où l'impression s'est achevée. Elle comprend un cahier correspondant au calcul différentiel de l'année 1825-26, sur la couverture duquel figure, de l'écriture d'Ampère, la mention « *à partir de la fin des feuilles imprimées* ». Ce manuscrit comprend aussi trois cahiers de calcul intégral qui font suite au calcul différentiel.

(37) Notons qu'une partie au moins de cette suite manuscrite a existé puisqu'elle s'est trouvée entre les mains de l'abbé Moigno lors de l'élaboration de ses *Leçons*. Il évoque en effet dans l'introduction à son tome 1 (1840) les éléments qu'il a utilisés parmi lesquels : « *8° enfin un cahier manuscrit que M. Cauchy a bien voulu me confier, et qui devait former le troisième volume des* Applications du calcul infinitésimal à la géométrie. » La comparaison avec le programme officiel nous conduit à dire plus précisément que Moigno a utilisé ce manuscrit pour rédiger les leçons 35, 37, 38, 39 et 40 de son tome 1, sans que le contenu de ces leçons n'épuise totalement le programme de géométrie de seconde année.

(38) Le cours d'analyse était terminé depuis mars, le cours de mécanique de Cauchy devait s'achever fin juillet et les examens commencer à partir du 15 septembre 1824.
A ce cours délai avant les examens a pu venir s'ajouter un autre élément : l'encombrement des presses de l'Imprimerie royale, en particulier par les impressions relatives aux lois de finances. C'est ce qui ressort des procès-verbaux du Conseil d'instruction du 6 mai 1824 et du 3 juin 1824. Le sous-gouverneur de l'École polytechnique avait alors promis de faire les démarches nécessaires, mais ces démarches ont très bien pu ne pas aboutir.

L'année suivante, Cauchy s'occupe du cours de première année avec une nouvelle promotion d'élèves. C'est en 1825-1826 qu'il refait le cours de seconde année, mais là intervient un nouvel élément. La direction de l'École polytechnique, depuis des années, non seulement demandait aux professeurs d'analyse de rédiger des feuilles comprenant un résumé de leurs leçons, mais leur recommandait vivement de simplifier leurs méthodes et de s'en tenir strictement au programme. Lors de la réunion du Conseil d'instruction du 24 juillet 1823, par exemple, Arago, visant probablement Cauchy, déclare que cinq leçons sur des considérations générales sur l'intégration « *cela peut être convenable à la Faculté des sciences, mais non à l'École polytechnique, où les élèves sont pressés par le temps* ». Les procès-verbaux du Conseil d'instruction témoignent de la résistance de Cauchy à cette pression et de sa revendication de la liberté du choix des méthodes par les professeurs. Cependant, pendant l'année scolaire 1825-1826, Cauchy cède. Sur le procès-verbal de la séance du Conseil d'instruction du 24 novembre 1825, on lit : « *M. Cauchy annonce, que, pour se conformer au vœu du Conseil, il ne s'attachera plus à donner, comme il a fait jusqu'à présent, des démonstrations parfaitement rigoureuses.* » Une telle orientation compromettait l'achèvement de la rédaction des leçons dans l'esprit qui était celui des treize premières leçons imprimées en 1824. Cauchy a sans doute repris ensuite ses méthodes antérieures. Mais il s'est heurté alors à la commission des feuilles qui avait pouvoir de refuser des rédactions qui ne correspondaient pas à ses critères [39].

La question précédente se double d'ailleurs d'une autre question : pourquoi Cauchy n'a-t-il pas, à défaut du cours, publié au moins sa méthode de démonstration d'existence qui figurait dans les feuilles imprimées des 7e et 8e leçons de seconde année, si ce n'est sous la forme d'un résumé en trois pages dans l'introduction du mémoire de Prague de 1835 [40]? Il ne nous semble pas impossible de voir dans ce fait la marque d'une évolution rapide de la conception de Cauchy et d'un déplacement de son centre d'intérêt mathématique que nous aurons l'occasion d'analyser plus loin (voir *infra* p. XLVII).

Nous avons ainsi partiellement répondu à la question : peut-on retrouver une trace écrite du cours de Cauchy de seconde année? Il reste une seconde question : ce cours peut-il nous apporter une information supplémentaire? Les leçons de Moigno ne suffisaient-elles pas à notre connaissance historique?

Des questions se posaient nécessairement, bien qu'elles fussent rarement explicitées, quant au rapport entre le traité de Moigno et les leçons de Cauchy. Alors que des auteurs identifiaient tout simplement les deux, d'autres comme Peano [41] indi-

---

(39) Ainsi, dans la séance du 17 novembre 1826 du Conseil de perfectionnement, Laplace, qui préside la commission des feuilles indique que M. Ampère suivra pour la 1re division le traité de Lacroix « *mais que le second professeur, M. Cauchy, n'a présenté que des feuilles qui n'ont pu satisfaire la commission, et qu'il a été jusqu'à présent impossible de l'amener à se rendre au vœu du Conseil et à exécuter la décision du Ministre* ».

(40) Dans l'avertissement du premier volume des *Exercices de Mathématiques*, en 1826, Cauchy avait pourtant annoncé qu'il publierait : « *une méthode à l'aide de laquelle on peut intégrer par approximation des équations différentielles de forme quelconque en déterminant les limites des erreurs commises.* » (*O.C.*, s. 2, t. VI, p. 9).

(41) G. Peano, *Mathematische Annalen*, 37, 1890, p. 182.

quaient que l'exposé de Cauchy avait été publié incomplètement par Moigno, d'autres enfin faisaient remarquer que, comme le suggérait le sous-titre du tome 2 (42), Moigno s'était aussi inspiré d'autres travaux que ceux de Cauchy. C'est d'ailleurs ce qu'indiquait Moigno dans l'introduction à ce même tome en constatant que les progrès récents du calcul intégral l'avaient obligé à modifier presque entièrement son manuscrit initial. Il promettait de faire figurer dans le tome 3, jamais paru, de son traité : « *une table analytique très détaillée dans laquelle j'indiquerai, avec la plus scrupuleuse exactitude, la part qui revient, dans cet ouvrage, aux géomètres dont j'ai étudié les travaux, l'auteur véritable de chaque théorie, de chaque application importante, les sources où j'ai puisé, etc.* » (43). Seule la connaissance du cours de Cauchy peut donc permettre d'éclairer ses rapports avec les leçons de Moigno.

La publication du fragment retrouvé des leçons de Cauchy permet ainsi non seulement de compléter l'édition des *Œuvres* de ce grand savant, mais de faire connaître exactement le contenu d'un cours qui ne nous était que très partiellement ou indirectement parvenu. Un cours qui constitue d'ailleurs le seul exposé systématique fait par Cauchy de la théorie des équations différentielles, et qui est contemporain de la publication de ses ouvrages dits classiques qui renouvelèrent profondément les fondements de l'analyse mathématique. Le renouvellement ne sera d'ailleurs pas moindre en théorie des équations différentielles ordinaires.

---

(42) Voir *supra* p. XII.
(43) *Op. cit.*, p. XXVI.

LA THÉORIE DES ÉQUATIONS DIFFÉRENTIELLES DE CAUCHY

Les leçons 1 à 12 sont consacrées à la théorie des équations différentielles ordinaires du premier ordre, la 13ᵉ leçon abordant l'étude des systèmes d'équations différentielles du premier ordre.

Le cours de Cauchy diffère nettement, on le verra, des exposés existant alors sur le même sujet et dont le principal, véritable synthèse des connaissances de l'époque, était celui de S.F. Lacroix (1). Cela est d'autant plus remarquable que, comme on l'a signalé précédemment, la direction de l'École polytechnique demandait aux professeurs un strict respect du programme. Or, ce programme apparaît largement inspiré par le traité de Lacroix avec lequel il sera donc intéressant de comparer le cours de Cauchy. Nous comparerons aussi ce dernier avec le traité de Moigno pour déterminer l'originalité du document ici présenté.

La grande nouveauté du cours de Cauchy réside dans la présence pour la première fois d'un théorème d'existence de la solution d'une équation différentielle générale du premier ordre [7ᵉ et 8ᵉ leçons] (2). Surtout, ce résultat d'existence ne figure pas incidemment ou localement dans les leçons de Cauchy. Il ne s'agit pas d'une découverte juxtaposée à un cours resté classique. Elle tient une place très importante, non seulement par le grand nombre de pages consacrées à l'exposé de sa démonstration et aux exemples, mais par son rôle dans l'organisation d'ensemble du cours. C'est à un véritable travail de *fondement* de la théorie des équations différentielles *générales* dans le domaine *réel* auquel on assiste dans ces leçons.

---

(1) Il s'agit du *Traité du calcul différentiel et du calcul intégral*, 1ʳᵉ édition (2 vol.), Paris, 1797-1798; 2ᵉ édition (3 vol.), Paris, 1810-1814-1819. C'est à la seconde édition de cet ouvrage que nous nous référerons toujours ici.
Lacroix a publié aussi un *Traité élémentaire du calcul différentiel et du calcul intégral* qui connut une grande diffusion puisqu'il n'y en eut pas moins de neuf éditions (de 1802 à 1881) et qu'il fut traduit en anglais et en allemand.
(2) Nous indiquerons entre crochets les références aux leçons de Cauchy ici publiées.

Les leçons 1 à 5 constituent une première partie du cours où Cauchy, suivant d'assez près le libellé du programme, expose essentiellement des résultats connus concernant les principales méthodes dites d'intégration « exacte », méthodes à l'aide desquelles on parvient « *dans certains cas* », dit-il [p. 2], à intégrer une équation différentielle du premier ordre.

Dans la 1re leçon, il passe ainsi en revue successivement l'intégration « immédiate » dans le cas où le premier membre est une différentielle exacte, applicable notamment dans le cas d'une équation à variables séparées; l'intégration par le moyen d'un facteur intégrant qui transforme le premier membre en une différentielle exacte; l'intégration par l'utilisation d'un changement de variables transformant l'équation donnée en une équation que l'on sait intégrer. Il définit [p. 4] les trois concepts classiques d'intégrale générale, d'intégrale particulière et d'intégrale singulière en unifiant la terminologie (3), puis utilise les diverses méthodes précédentes pour intégrer deux types simples, figurant au programme, d'équations différentielles du premier ordre : l'équation linéaire et l'équation homogène. Ces deux équations sont intégrées par changement de variables (4) dans la 2e leçon, puis à l'aide d'un facteur intégrant dans la 4e leçon où l'étude de cette dernière méthode est approfondie. Cauchy montre en particulier que si une équation différentielle admet un facteur intégrant elle en admet une infinité dont il détermine la forme générale [pp. 21-22] (5).

Dans la 3e leçon, Cauchy aborde le cas des équations différentielles résolues par rapport à y mais pas nécessairement par rapport à y' : $y = g(x, y')$. Le principe consiste ici à généraliser la méthode du changement de variables en prenant y' comme variable à la place de y, et à opérer par différentiation de l'équation initiale pour obtenir l'équation différentielle entre les nouvelle variables y' et x. Cauchy cherche alors la forme que l'on doit donner à la fonction g pour que la nouvelle équation soit de l'un des deux types intégrables déjà étudiés : linéaire ou homogène. Il trouve, en particulier, que la méthode est applicable dans le cas d'une équation du type Clairaut : $y = xy' + f(y')$. Ce dernier type d'équation, figurant au programme officiel, permet facilement de mettre en évidence l'existence des intégrales singulières.

Cet exemple sera d'ailleurs repris par Cauchy dans la 5e leçon plus particulièrement consacrée à l'étude des intégrales singulières déduites de l'intégrale générale, comme le recommandait le programme depuis cette année scolaire 1823-24 (6). La méthode en question, qui consiste à éliminer la constante C entre les équations

(3) Lacroix utilisait au lieu de l'expression d'intégrale singulière celle de solution particulière qui était l'expression retenue dans le programme d'analyse de l'École polytechnique.

(4) Plus précisément, Cauchy considère d'abord l'équation linéaire sans second membre qui s'intègre en séparant les variables, puis en faisant varier la constante dans l'intégrale ainsi obtenue, il obtient l'intégrale générale de l'équation avec second membre à l'aide d'une quadrature.

(5) Lacroix (*op. cit.*, t. II, p. 263) montre aussi que si, avec les notations de Cauchy, $\nu(Pdx + Qdy) = du$ alors $\nu\varphi(u)$ est également un facteur intégrant pour φ arbitraire. Mais, contrairement à Cauchy, il omet de démontrer que réciproquement tout facteur intégrant de l'équation $Pdx + Qdy = 0$ est de la forme $\nu\varphi(u)$.

(6) Théorie particulièrement développée par Lagrange (voir par exemple ses *Leçons sur le calcul des fonctions*, 2e édition, Paris 1806; *Œuvres*, t. X, 14e leçon).

$F(x, y, C) = 0$ et $\frac{\partial F}{\partial C} = 0$, donne bien les intégrales singulières de l'équation de Clairaut. Si Cauchy semble croire [p. 28] qu'une telle élimination donne toujours des intégrales de l'équation différentielle (7), il insiste cependant sur les limites de cette méthode en remarquant [pp. 28 et 30] qu'elle peut conduire à des intégrales qui ne sont pas singulières (8). Il appuie cette affirmation sur l'exemple de l'équation différentielle $\left(\frac{dy}{dx}\right)^3 = 8y^2 - 4xy\frac{dy}{dx}$ [p. 29] (9).

Cauchy a aussi abordé, dans la 1re leçon, la question du rapport entre intégrale singulière et facteur intégrant. Il y fait apparaître clairement que, si v désigne un facteur intégrant de l'équation différentielle, une intégrale singulière annule nécessairement l'expression $\frac{1}{v}$ mais que la réciproque n'est pas vraie; des exemples montrant que la relation $\frac{1}{v} = 0$ peut être vérifiée par une intégrale particulière (10).

Dans ses premières leçons, Cauchy s'en tient donc dans l'ensemble à des notions et des résultats connus à l'époque et à la problématique classique de recherche de l'expression de l'intégrale générale ou des intégrales singulières de certains types d'équations différentielles, sans regarder leurs domaines d'existence. On peut cependant constater que cette partie tient une place relativement modeste par rapport aux exposés de l'époque : Cauchy se limite à l'essentiel et le présente particulièrement clairement. Apparaissent aussi dès ces leçons des innovations liées à la problématique d'existence et d'unicité qui sera développée dans la suite du cours. C'est ainsi qu'il utilise le plus souvent une intégrale définie au lieu d'une intégrale indéfinie pour exprimer l'intégrale générale d'une équation différentielle, notamment dans le cas de l'équation linéaire [pp. 9-10]. Par ailleurs, à la fin de la 4e leçon [p. 25], après avoir souligné qu'il est d'ordinaire très difficile de trouver un facteur intégrant (ce qui montre les limites de l'intégration exacte), il démontre l'existence d'un tel facteur *si* on admet l'existence de l'intégrale générale de l'équation (11). Quant à cette dernière existence, il indique qu'elle sera établie dans les leçons suivantes.

C'est dans la 6e leçon que, sortant du cadre du programme qu'il avait à peu près respecté jusque-là, Cauchy prépare l'introduction de la nouvelle problématique qui apparaîtra pleinement dans la 7e leçon. Il indique [p. 31] que la connaissance de

(7) Elle peut aussi donner l'équation d'un ensemble de points singuliers ne constituant pas une courbe intégrale de l'équation différentielle correspondante.
(8) Lagrange avait déjà vu cela (*Œuvres*, t. X, p. 169).
(9) Cet exemple est important, car il montre qu'une intégrale, ici $y = 0$, peut être à la fois intégrale particulière et, géométriquement, enveloppe des courbes intégrales particulières.
(10) Cette absence de réciproque était déjà signalée par Lagrange (*Œuvres*, t. X, p. 189).
(11) Une démonstration analogue figure déjà dans Lacroix (*op. cit.*, t. II, p. 262). Cependant, le but de ce dernier était d'abord de trouver *l'expression* du facteur intégrant, l'expression de l'intégrale générale étant supposée connue. Il remarque alors que l'on en déduit qu'il existe *toujours* un tel facteur puisque l'on peut toujours obtenir l'intégrale de l'équation différentielle grâce à un développement en série (voir *infra* note (14) p. XXIV).

l'intégrale générale fournie par l'une des méthodes d'intégration exacte décrites précédemment permet de déterminer une fonction y de x qui non seulement vérifie l'équation différentielle mais prend une valeur donnée y_0 pour une valeur donnée x_0 de la variable (12), et détermine de telles fonctions dans des cas d'équations différentielles intégrables explicitement. Puis il remarque [p. 34] que réciproquement on peut transformer une intégrale particulière ainsi déterminée en intégrale générale en laissant fixe x_0 par exemple et en considérant y_0 comme une constante arbitraire.

Cauchy reprend ce raisonnement au début de la 7e leçon en insistant sur cette réciproque : on saura que l'équation différentielle admet une intégrale générale si l'on démontre qu'existe une fonction y de x qui remplit la double condition de vérifier l'équation et de prendre une valeur y_0 pour $x = x_0$; et c'est cette dernière démonstration qu'il se propose d'effectuer. Autrement dit, Cauchy n'affirme pas seulement l'équivalence des deux problèmes, il renverse l'ordre de la démarche habituelle qui consistait à rechercher avant tout l'intégrale générale, et aborde en premier lieu la recherche d'une fonction qui satisfait aux deux conditions précédemment énoncées (problème que l'on appelle précisément aujourd'hui « problème de Cauchy ») (13). En fait, le changement de problématique est encore plus profond : alors qu'avant on recherchait surtout *l'expression* d'une intégrale générale dont l'existence n'était pas mise en doute (14), il cherche à montrer *l'existence* d'une « solution du problème de Cauchy » (15) (d'où il déduira celle de l'intégrale générale). Le problème que pose Cauchy est donc doublement nouveau.

---

(12) Ici, et à plusieurs reprises dans son cours, Cauchy passe sans précaution d'une relation implicite entre des variables à l'expression explicite de l'une d'entre elles. Ainsi de l'expression $F(x, y, C) = 0$, il tire immédiatement $C = u(x, y)$.

(13) Notons que si l'intégrale générale apparaissait souvent sous la forme implicite $F(x, y, C) = 0$, on cherche ici une fonction explicite $y = \mathcal{F}(x)$ solution du problème de Cauchy.

(14) C'est à la fin d'un paragraphe consacré à démontrer, à l'aide du développement en série de Taylor, que l'intégrale générale d'une équation $\frac{d^n y}{dx^n} = f\left(x, y, \frac{dy}{dx}, \ldots, \frac{d^{n-1}y}{dx^{n-1}}\right)$ dépend de n constantes arbitraires que Lacroix fait la remarque suivante (*op. cit.*, t. II, p. 296) : « *Une remarque importante qui s'offre ici d'elle-même, c'est que lorsque la fonction désignée par la lettre* f, *et déduite de l'équation différentielle proposée, ne sera point imaginaire, c'est-à-dire, si cette équation conduit à des valeurs réelles pour le coefficient différentiel de l'ordre* n, *il existera toujours un développement de la fonction déterminée par cette même équation qui, d'après cela, ne tombera jamais dans une impossibilité absolue, quoiqu'il puisse arriver qu'on n'ait aucun moyen de l'intégrer, ni même d'en tirer des approximations praticables. Cette propriété, qui est particulière aux équations différentielles à deux variables, peut aussi s'établir par des considérations géométriques, comme on le verra dans la suite.* » Cette seconde « démonstration » est analogue à celle dont on parlera, *infra* p. XXXIII, à propos de Moigno.
On remarque que chez Lacroix l'existence de l'intégrale n'est donc pas problématique. S'il sait bien que l'on ne peut que rarement obtenir l'expression de l'intégrale générale à l'aide des méthodes d'intégration exacte, il pense que l'on peut tout au moins l'obtenir par un développement en série de Taylor. Le résultat d'existence apparaît ainsi comme une simple et immédiate retombée du développement en série utilisé pour mettre en évidence le nombre de constantes arbitraires, ou de la construction géométrique approchée.
Aucune hypothèse restrictive n'est faite ni sur le second membre de l'équation, ni sur le domaine d'existence de la solution. Chez Lacroix, l'existence est l'objet d'affirmations générales sous la forme de remarques incidentes; chez Cauchy elle devient un problème central à résoudre, exigeant des hypothèses précisées et des méthodes spécifiques de démonstration.
Remarquons cependant que le développement en série de Taylor tel qu'il était utilisé par Lacroix dans son traité de 1814 avait l'avantage de mettre en évidence que l'on pouvait prendre comme constantes arbitraires les valeurs de la fonction et de ses dérivées jusqu'à l'ordre $(n - 1)$ pour la valeur de la variable où se faisait le développement.

(15) On utilisera cette locution plus courte au lieu de celle de Cauchy : « *fonction* $y = \mathcal{F}(x)$ *qui remplit la double condition de vérifier l'équation différentielle et de se réduire à* y_0 *pour* $x = x_0$. » [p. 34]. On notera

Il va le résoudre à l'aide d'une intégration dite par « approximation » par opposition aux méthodes dites d'intégration « exacte » des premières leçons [16]. Dès la 6ᵉ leçon, Cauchy fait une présentation heuristique de la méthode d'approximation par les différences finies (ou polygonale) qu'il va utiliser [pp. 34 *sqq*]. [17]. Il veut faire voir, sans démonstration rigoureuse, que *si* il existe une solution $y = \mathscr{F}(x)$ du problème de Cauchy alors sa valeur $\mathscr{F}(X)$ pour $x = X$ est voisine de la valeur Y donnée par l'algorithme défini par

$$y_i - y_{i-1} = (x_i - x_{i-1}) f(x_{i-1}, y_{i-1}) \quad (i = 1, ..., n,)$$

lorsque les éléments $x_i - x_{i-1}$ sont très petits [18]. Dans la 7ᵉ leçon il s'agira, dit-il, de montrer ce résultat rigoureusement; en fait, Cauchy y montrera l'existence d'une solution du problème de Cauchy dont la valeur en $x = X$ est voisine de la valeur Y donnée par cet algorithme [19].

Le théorème d'existence le plus général donné par Cauchy est le premier théorème de la 8ᵉ leçon [20], sa démonstration requérant les résultats obtenus dans les quatre théorèmes énoncés dans la 7ᵉ leçon. Cette différence de généralité est marquée dans le titre même des leçons : la méthode de la 7ᵉ leçon qui permet d'intégrer « un grand nombre » d'équations différentielles est appliquée dans la 8ᵉ leçon à l'intégration d'une équation « quelconque ». Elle est soulignée aussi au début de la 8ᵉ leçon : il s'agit ici d'établir le résultat sous l'hypothèse que $f(x, y)$ et

---

la systématicité d'emploi de cette phrase par Cauchy à partir de la 6ᵉ leçon, ce qui montre que sous cette dénomination plus lourde le concept précis fonctionne et joue un rôle central.

(16) Voir Cauchy [p. 123].

Lacroix consacre un chapitre (*op. cit.*, t. II, p. 409) aux méthodes d'intégration par approximation : « *Après avoir épuisé*, dit-il, *les moyens connus pour intégrer une équation différentielle, il faut chercher à la résoudre par approximation, c'est-à-dire, à en tirer la valeur de* y *en* x, *au moyen d'une série.* » Il expose ainsi diverses méthodes pour obtenir le développement en série de l'intégrale de l'équation différentielle (abordant aussi la question du développement en fractions continues).

(17) La méthode d'approximation utilisée par Cauchy est présente chez Lacroix (*op. cit.*, t. II, p. 451), dans le cadre d'un raisonnement géométrique intuitif basé sur la construction de polygones approchant la courbe intégrale. Une méthode d'approximation correspondant à celle de Cauchy apparaît déjà chez Euler (*Institutiones calculi integralis*, 1, 1768, p. 493), dans un chapitre intitulé « De integratione aequationum differentialium per approximationem ». (Voir *infra* note (39) p. XLVIII).

(18) Il n'utilise, au cours de son raisonnement, que l'hypothèse $f(x, \mathfrak{F}(x))$ finie et continue entre $x = x_0$ et $x = X$ qui est insuffisante pour assurer le résultat.

(19) Dès la fin de la 6ᵉ leçon, Cauchy s'attache à montrer la pertinence de cet algorithme en l'appliquant à retrouver la solution de l'équation linéaire sans second membre. Les variables étant séparables dans ce cas, il y parvient en utilisant la construction de l'intégrale définie donnée dans le cours de première année (*O.C.*, s. 2, t. IV, p. 122).

(20) Il correspond au résultat d'existence énoncé au début du mémoire de Prague (*O.C.*, s. 2, t. XI, pp. 400-403).

Le plus souvent, on a, comme Painlevé, daté l'apparition de ce théorème d'existence en donnant la fourchette 1820-1830. On peut dire maintenant qu'il figure dans des feuilles imprimées très vraisemblablement en 1824.

Cependant, la date de création de ce théorème est sans doute antérieure à l'année scolaire 1823-24.

En effet, dans un mémoire lu à l'Académie des sciences le 22 janvier 1822 *Sur le développement des fonctions en séries et sur l'intégration des équations différentielles ou aux différences partielles* (*O.C.*, s. 2, t. II, p. 276), Cauchy indique : « *Il suffit d'employer les méthodes que j'expose depuis plusieurs années dans mes leçons à l'École polytechnique* » pour pouvoir démontrer l'existence des intégrales générales des équations différentielles. Puis : « *J'ajouterai que la méthode dont je fais usage pour démontrer l'existence dans tous les cas possibles, sert en même temps à calculer, avec telle approximation que l'on veut, les valeurs des intégrales particulières correspondant à des valeurs données des variables.* » Les précisions ainsi données ne laissent pas de doute sur le fait que Cauchy désigne bien la méthode et le théorème d'existence en question. Qu'en 1822 il puisse parler d'enseignement de cette méthode depuis plusieurs années nous conduit, compte tenu qu'il faisait alternativement le cours de première et de seconde année, à penser que la première exposition du théorème d'existence date d'avant 1820 (peut-être de l'année scolaire 1819-20).

$\frac{\partial f}{\partial y}(x, y)$ sont « finies et continues par rapport aux variables x, y » [21], dans le voisinage des valeurs particulières $x = x_0$, $y = y_0$, alors que dans la 7e leçon les mêmes fonctions sont supposées continues et bornées pour $x_0 \leqslant x \leqslant X$ et y quelconque.

L'hypothèse que la dérivée partielle $\frac{\partial f}{\partial y}(x, y)$ est finie, continue et bornée sur cette bande [22] est introduite par Cauchy dans le deuxième théorème de la 7e leçon, pour pouvoir appliquer le théorème des accroissements finis [23] à la majoration des différences finies du type $f(x_0, y_0 + \beta_0) - f(x_0, y_0)$ où β_0 est l'accroissement de y_0 [p. 44]. Cela conduit à une majoration de l'accroissement de la valeur finale Y donnée par l'algorithme pour un accroissement de la valeur initiale y_0. Cette majoration joue un rôle fondamental dans la démonstration d'existence car elle permet à Cauchy d'évaluer l'influence sur la valeur Y du passage d'une subdivision de l'intervalle (x_0, X) à une subdivision plus fine.

Il établit alors que si σ et σ' sont deux subdivisions quelconques dont les éléments [24] sont infiniments petits, en valeur absolue, la différence $Y - Y'$ des valeurs correspondantes est aussi infiniment petite [25], et il conclut que, lorsque les éléments de la subdivision décroissent indéfiniment [26], Y converge vers une limite indépendante du mode de subdivision choisi [3e théorème] [27]. Enfin, il montre que la fonction $\mathcal{F}$ qui à chaque x de l'intervalle (x_0, X) fait correspondre

(21) On trouve souvent dans ce cours des hypothèses de continuité pour des fonctions de plusieurs variables. Cauchy avait indiqué dans son *Analyse algébrique* (*O.C.*, s. 2, t. III, pp. 45 *sqq.*) que la continuité par rapport aux diverses variables prises séparément impliquait la continuité par rapport à l'ensemble des variables (ce qui est erroné). Il ne distinguera donc pas entre ces deux notions.

(22) Il n'aborde pas la question de l'existence d'une telle dérivée. Son introduction [p. 44] de la différentielle totale de la fonction $f(x, y)$ semble montrer que pour lui l'existence des deux dérivées partielles $\frac{\partial f}{\partial x}(x, y)$ et $\frac{\partial f}{\partial y}(x, y)$ n'est pas problématique, quitte à y inclure le cas où elles deviennent infinies [voir 9e leçon p. 70].

(23) Cauchy, avant de majorer, utilise l'égalité des accroissements finis $\frac{f(x_0 + h) - f(x_0)}{h} = f'(x_0 + \theta h)$ établie dans la 7e leçon de 1re année (*O.C.*, s. 1, t. IV, pp. 45-46) sous l'hypothèse que la dérivée $f'(x)$ est continue. D'où la condition sur la continuité de $\frac{\partial f}{\partial y}(x, y)$ alors que le caractère borné pouvait suffire pour établir la majoration.

(24) On considérerait plutôt aujourd'hui le « pas » de la subdivision défini par

$$h = \max_{i = 1, \dots, n} |x_i - x_{i-1}|$$

(25) Dans cette démonstration, Cauchy utilise implicitement le fait que la fonction $f(x, y)$ est *uniformément* continue sur le rectangle compact $[x_0, X] \times [y_0 - A(X - x_0), y_0 + A(X - x_0)]$. Cette faiblesse de la démonstration peut être mise en relation avec les imprécisions de la définition de la notion de continuité qui figure au début du *Cours d'analyse* (*O.C.*, s. 2, t. III, p. 43) et en particulier avec son caractère insuffisamment ponctuel.
Une telle utilisation sans justification de l'uniforme continuité de f sur le rectangle se retrouve dans la 9e leçon pour la majoration de l'erreur commise dans le calcul approché [p. 68]. Cependant, dans le cas où on suppose de plus $\frac{\partial f}{\partial x}(x, y)$ continue, l'utilisation par Cauchy du théorème des accroissements finis le conduit en fait à une démonstration de la propriété correspondant à l'uniforme continuité [p. 69].

(26) C'est-à-dire tendent vers zéro.

(27) La fin de son raisonnement consiste à utiliser de manière intuitive un « critère de Cauchy » (comme on dirait aujourd'hui) pour assurer la convergence de Y vers une limite. Une véritable démonstration de l'existence de cette limite nécessiterait une construction de l'ensemble des nombres réels qui n'apparaîtra que plus tard.

la limite de Y ainsi construite est bien une solution du problème de Cauchy [4e théorème] (28).

Le théorème général d'existence [8e leçon, p. 55] est établi sous les hypothèses : $f(x, y)$ et $\frac{\partial f}{\partial y}(x, y)$ continues pour x compris entre x_0 et $x_0 + a$ et y compris entre $y_0 - Aa$ et $y_0 + Aa$, A étant un majorant de $f(x, y)$, en valeur absolue, pour x et y variant dans ces intervalles; la solution du problème de Cauchy existe alors sur l'intervalle $(x_0, x_0 + a)$. Cauchy note en effet que l'on peut appliquer les résultats de la 7e leçon puisque les valeurs $y_1, \ldots, y_{n-1}$, Y déterminées par les relations

$$y_i - y_{i-1} = f(x_{i-1}, y_{i-1})(x_i - x_{i-1})$$

sont toutes comprises entre $y_0 - Aa$ et $y_0 + Aa$. Le théorème de Cauchy est ainsi un théorème d'existence d'une solution dans un « rectangle de sécurité » comme on dirait aujourd'hui. Il ne semble pas douteux que pour lui l'existence d'un tel rectangle, en choisissant la valeur a convenablement, découlait de l'hypothèse de continuité de $f(x, y)$ et $\frac{\partial f}{\partial y}(x, y)$ au voisinage de x_0, y_0 (29). Mais il ne démontre pas que l'on peut toujours en construire un et par conséquent assurer l'existence locale de la solution sous ces hypothèses générales.

Cauchy fait ensuite remarquer dans deux corollaires [p. 57] que la fonction solution du problème de Cauchy dont l'existence est ainsi établie fournit une intégrale particulière de l'équation différentielle et, en remplaçant la valeur initiale y_0 par une constante arbitraire, l'intégrale générale, « *du moins pour certaines valeurs de* x *comprises entre certaines limites qui dépendront elles-mêmes de la valeur attribuée à la constante arbitraire* ».

On mesure par cette phrase l'évolution réalisée par rapport à la conception antérieure basée sur l'obtention de l'expression analytique formelle de l'intégrale générale sans égard au domaine de définition des fonctions. La volonté de démontrer rigoureusement l'existence des intégrales d'une équation différentielle a conduit Cauchy non seulement à préciser le problème en cherchant une intégrale correspondant à des valeurs initiales données, mais aussi, pour montrer la convergence du procédé d'approximation, à restreindre le domaine dans lequel cette solution est considérée. Ainsi son théorème est-il un théorème d'existence *locale* (30) de la solution du problème de Cauchy pour une équation différentielle du premier ordre dans le domaine réel.

Cependant, si cette étude locale de l'existence représente déjà un important

---

(28) Notons qu'il indique aussi [p. 53] la propriété de continuité de la solution par rapport à la valeur initiale y_0, plus précisément de la continuité de $y = \mathfrak{F}(x, y_0)$ par rapport à y_0 pour chaque x fixé.

(29) C'est ce que montre la présentation qui précède l'énoncé du théorème [p. 54], ainsi que son raisonnement sur le prolongement de la solution (voir *infra* p. XXVIII).

(30) Il montre qu'il existe un voisinage de x_0 (un intervalle) sur lequel la solution existe. Remarquons qu'au sens strict le théorème [p. 55] montre l'existence d'une solution à droite ou à gauche sur un intervalle d'extrémités x_0, $x_0 + a$. L'extension du théorème à un intervalle de centre x_0 serait immédiate, mais Cauchy préfère le plus souvent distinguer l'étude de la solution à droite et à gauche notamment dans les exemples [pp. 59-62] où il cherche à calculer explicitement des valeurs de a (positives ou négatives) les plus grandes possibles données par la méthode.

apport de Cauchy, il n'en reste pas là. Il aborde sérieusement aussi la question de l'existence *globale* de la solution avec, dans la suite de la 8e leçon, l'étude du prolongement de la solution [pp. 62 *sqq.*]. Soit $(x_0, x_0 + a)$ l'intervalle donné par le théorème d'existence locale, si y_1 est la limite de la fonction solution lorsque x tend vers $x_0 + a$ et si les hypothèses de régularité (31) sont vérifiées au voisinage du point $x = x_0 + a$, $y = y_1$ l'application du théorème général en ce point donnera l'existence de la solution sur un intervalle $(x_0, x_0 + a_1)$ strictement plus grand que $(x_0, x_0 + a)$. En itérant le raisonnement (32), Cauchy indique que la solution existera sur l'intervalle (x_0, ∞) ou seulement sur un intervalle (x_0, b), et donne pour ce dernier cas des conditions *nécessaires* de non-prolongement (33). Il note enfin [p. 65] que cette impossibilité de prolonger certaines intégrales particulières sur tout l'ensemble $\mathbb{R}$ ne provient pas de la méthode employée dans ce cours, ce phénomène apparaissant déjà dans le cas d'intégrales obtenues par intégration exacte (34).

Cauchy ne montre pas seulement l'existence de la solution pour une équation différentielle, il étend sa méthode aux *systèmes* d'équations différentielles du premier ordre dans la 13e leçon. Cette leçon est malheureusement incomplète, mais les pages retrouvées ne laissent pas de doute sur l'existence alors de la démonstration intégrale. Les trois premiers théorèmes qui figurent dans le document (qui s'interrompt au cours de la démonstration du 3e théorème) montrent en effet que Cauchy calque sa démonstration sur celle qu'il a effectuée pour une seule équation à la 7e leçon. Les hypothèses sont ici que les fonctions $f(x, y, z, ...)$, etc., situées aux seconds membres des équations et leurs dérivées partielles $\frac{\partial f}{\partial y}, \frac{\partial f}{\partial z}$, etc., sont, pour $x_0 \leqslant x \leqslant X$, continues par rapport aux variables $x, y, z, ...$ et bornées (35). On peut raisonnablement penser qu'il exposait dans la suite un quatrième théorème affirmant l'existence dans l'intervalle (x_0, X) d'une solution du problème de Cauchy relatif à ce système, puis un théorème d'existence locale correspondant au premier théorème de la 8e leçon (36).

---

(31) On désigne ainsi les hypothèses du théorème d'existence : $f(x, y)$ et $\frac{\partial f}{\partial y}(x,y)$ continues.

(32) Cauchy suppose implicitement ici l'unicité locale de la solution, qu'il ne démontrera que plus loin (voir *infra* p. XXIX).

(33) Il considère dans son raisonnement que $\mathcal{F}(x)$ a toujours une limite $\mathcal{F}(b)$ lorsque x tend vers b. Sous cette condition, qui n'est pas toujours vérifiée, son énoncé revient à dire que pour que le prolongement ne soit pas possible il faut que $\mathcal{F}(b)$ soit infinie ou que les hypothèses de régularité ne soient pas vérifiées au voisinage du système de valeurs $x = b$, $y = \mathcal{F}(b)$. Dans l'étude du prolongement, fonctionnent donc à la fois le concept de « point régulier » (système de valeurs de x et y au voisinage desquelles les conditions de régularité sur f sont vérifiées) et de « point singulier » (point non régulier).

(34) Il donne l'exemple de l'équation $dy = \frac{dx}{x + y}$ dont le coefficient $f(x, y)$ ne vérifie pas partout les conditions de régularité. Une équation telle que $dy = y^2dx$ fournirait un exemple encore plus probant, mais l'équation qu'il considère permet à Cauchy d'illustrer son second cas d'impossibilité de prolongement.

(35) Dans le cours de la démonstration [p. 130], il a besoin d'un théorème des accroissements finis pour plusieurs variables qu'il établit en introduisant la différentielle de $f(x, y, z,...)$, ce qui implique implicitement l'hypothèse supplémentaire (en fait inutile) d'existence des dérivées partielles par rapport à x (voir *supra* note (22) p. XXVI).

(36) Voir Moigno, *op. cit.*, t. 2, 33e leçon, en tenant compte du problème des rapports entre les leçons de Cauchy et celles de Moigno discuté *infra* pp. XXXII *sqq.*

En développant ses méthodes, les préoccupations de Cauchy n'étaient pas uniquement liées au problème de l'existence de la solution. Il rappelle au début du mémoire de Prague en 1835 le double but qu'il se fixait : trouver une méthode « *à l'aide de laquelle on pût établir généralement l'existence des fonctions propres à vérifier les équations différentielles et calculer des valeurs indéfiniment approchées de ces mêmes fonctions* » (37). La 9e leçon est ainsi consacrée à faire voir que la méthode utilisée dans les précédentes leçons pour montrer l'existence de la solution $y = \mathscr{F}(x)$ permet de trouver des majorations de l'erreur commise lorsque l'on prend comme valeur approchée de $\mathscr{F}(X)$ la valeur Y obtenue par l'algorithme considéré pour une subdivision de l'intervalle (x_0, X) (38). Cauchy montre qu'en choisissant le pas de la subdivision suffisamment petit, on peut calculer la valeur de la fonction avec un degré d'approximation quelconque. Cependant, ce procédé d'approximation qui a l'avantage de permettre de démontrer l'existence de la solution n'est pas toujours le meilleur du point de vue de la précision du calcul numérique des valeurs particulières. C'est ainsi que Cauchy présente diverses autres méthodes de calcul approché dans une leçon, la 12e, particulièrement longue.

On présente traditionnellement le théorème de Cauchy exposé précédemment comme un théorème d'existence et d'*unicité* de la solution de l'équation différentielle pour des valeurs initiales données. Or, dans l'introduction du mémoire de Prague de 1835 où il énonce ses résultats sur l'existence et le calcul approché, Cauchy n'évoque pas le problème de l'unicité. Comme le montre l'utilisation systématique de l'article défini, l'unicité semble considérée comme allant de soi. Dans ses leçons jusqu'à la neuvième incluse, les choses sont quelque peu différentes. Ainsi dans l'énoncé du 4e théorème de la 7e leçon, Cauchy parle à la fois de *la* limite $\mathscr{F}(X)$ vers laquelle converge Y et du fait que $y = \mathscr{F}(x)$ est *une* fonction de x qui aura la double propriété requise pour être solution du problème de Cauchy.

C'est la 10e leçon qui marque une clarification à cet égard. Cauchy y affirme explicitement [p. 81] l'unicité *locale* de la solution sous les hypothèses où il en a montré l'existence; il en donne de plus une démonstration (39). Le caractère local du résultat d'unicité de Cauchy ressort clairement de l'hypothèse qu'il indique au début de la leçon : $f(x, y)$ et $\dfrac{\partial f}{\partial y}(x, y)$ sont finies et continues au voisinage des valeurs $x = x_0$, $y = y_0$.

Mais ce caractère local est encore souligné par lui lorsqu'il affirme la non-unicité *globale* de la solution : « *On peut, au reste, même dans l'hypothèse admise,*

---

(37) *O.C.*, s. 2, t. XI, p. 400. (Ce double but apparaissait déjà dans le mémoire de 1822 cité *supra* note (20) p. xxv.)

(38) Pour X appartenant à l'intervalle $(x_0, x_0 + a)$ donné par le théorème d'existence locale. On ne trouve pas chez Cauchy le résultat selon lequel l'algorithme permet d'approcher la solution sur tout intervalle où celle-ci existe, propriété importante de cette méthode établie à la fin du XIXe siècle par Picard et Painlevé (voir Picard, *Traité d'analyse*, 2e éd., t. 2, 1905).

(39) Cette démonstration repose sur un théorème figurant dans l'addition à son *Résumé* de 1823 (*O.C.*, s. 2, t. IV, p. 253) mais déjà signalé dans son mémoire de 1822 cité *supra* note (20) p. xxv. La démonstration de ce théorème ,très insuffisante, sera republiée identiquement en 1829 dans la 6e leçon des *Leçons sur le calcul différentiel* (*O.C.*, s. 2, t. IV, p. 330).

concevoir diverses fonctions de x *qui, étant également propres à remplir les conditions énoncées, coïncident dans le voisinage de la valeur particulière* $x = x_0$, *et divergent pour certaines valeurs de* x *sensiblement différentes de* x_0. » [p. 82]. La distinction ainsi affirmée entre l'unicité locale et la non-unicité globale peut permettre d'expliquer la formulation du 4e théorème évoquée précédemment.

En réalité, la conception de Cauchy sur ce point est fort imprécise comme le montre l'exemple qu'il développe [pp. 82-83]. Se limitant à considérer le problème de Cauchy au point $x = 0$, $y = 0$, il ne souligne pas l'absence d'unicité locale de ce problème au point $x = -1$, $y = -1$ qui permet précisément la construction des deux solutions globales distinctes. De plus, la non-unicité globale n'est obtenue dans cet exemple qu'au prix de l'introduction d'une conception élargie de ce qu'est une solution : la seconde solution $y = \frac{1}{2}[x - 1 + \sqrt{(x + 1)^2}]$ est continue mais non dérivable pour $x = -1$. Cauchy considère d'ailleurs ensuite des solutions qui sont dérivables par morceaux et qui peuvent éventuellement être discontinues en un nombre fini de points. Si une telle conception élargie du concept de solution rend évidente la non-unicité globale même s'il y a unicité locale au voisinage *du* point correspondant aux valeurs initiales, on peut penser par contre qu'elle fait obstacle à une étude précise du lien entre unicité globale et unicité locale en *chaque* point du domaine d'existence [(40)].

En fait, comme l'indique le titre, le but de Cauchy dans la 10e leçon est surtout de passer en revue toutes les sortes d'intégrales particulières ou singulières qui satisfont à une équation différentielle. Cette leçon ne peut être séparée de la 11e où il donne un critère pour caractériser les intégrales singulières. Une intégrale singulière était définie alors comme une intégrale de l'équation différentielle qui n'était pas particulière, c'est-à-dire qui ne pouvait s'obtenir en donnant une valeur fixe à la constante arbitraire que contient l'intégrale générale. La détermination des intégrales singulières à partir de l'intégrale générale, comme dans la 5e leçon de Cauchy, ou directement à partir de l'équation différentielle, était à l'époque un problème qui retenait beaucoup l'attention des mathématiciens [(41)].

Moyennant la réalisation de conditions de régularité, le théorème d'existence établi par Cauchy lui a permis d'obtenir des intégrales particulières de l'équation différentielle. Sa démarche va donc consister à chercher les autres intégrales, notamment les intégrales singulières, parmi les fonctions pour lesquelles les conditions de régularité ne sont pas satisfaites. Recherchant les fonctions y de x telles que les hypothèses du théorème d'existence — $f(x, y)$ et $\frac{\partial f}{\partial y}(x, y)$ « finies et continues » —

(40) Le passage du local au global était abordé de façon différente et plus précise dans le cas de l'existence : Cauchy prolongeait la solution en utilisant le résultat d'existence (et implicitement celui d'unicité) locale en des points différents successifs.
(41) Pour la période précédant immédiatement les travaux de Cauchy, on relève notamment des contributions de Laplace, Lagrange et Poisson. Lacroix consacre un chapitre entier de son traité aux intégrales singulières (*op. cit.*, t. II, p. 373).

font défaut sur tout un intervalle de variation de x, il montre sur des exemples que ces fonctions peuvent être des intégrales singulières ou particulières de l'équation différentielle. Les hypothèses de régularité apparaissent donc comme des conditions suffisantes mais non nécessaires d'existence d'une solution de l'équation (42).

Le théorème général d'existence conduit en fait Cauchy à une nouvelle classification des intégrales d'une équation différentielle sur un intervalle, en intégrales « régulières » — celles pour lesquelles les hypothèses du théorème sont vérifiées — et en intégrales « irrégulières » où les hypothèses ne sont jamais vérifiées sur l'intervalle (43). Nouvelle classification ne recouvrant pas la classification d'alors en intégrales particulières et intégrales singulières, puisque si une intégrale régulière est bien une intégrale particulière, par contre Cauchy montre qu'une intégrale « irrégulière » peut être singulière ou particulière.

C'est en fait cette nouvelle classification qui sera retenue plus tard, les intégrales « irrégulières » étant alors appelées intégrales singulières. L'intérêt pour l'ancienne notion d'intégrale singulière (intégrale non particulière) correspondait à l'intérêt porté à la recherche de l'expression de l'intégrale générale contenant une constante arbitraire. La place centrale donnée par la suite aux théorèmes d'existence et d'unicité d'une solution du problème de Cauchy devait plutôt conduire à s'intéresser aux points où les conditions de régularité d'un tel théorème ne sont pas satisfaites — les points singuliers —, et aux intégrales dont tous les points correspondants sont singuliers — les intégrales singulières au sens nouveau (intégrales « irrégulières »).

Il nous semble que le cours de Cauchy ici publié représente un stade intermédiaire entre les deux conceptions. Sur la base de son théorème d'existence, il introduit en fait les notions d'intégrale « régulière » et d'intégrale « irrégulière »; mais il ne s'intéresse pas à la notion de *point* singulier en tant que tel (44), c'est l'étude des intégrales qui le préoccupe (45).

La recherche des intégrales « irrégulières » conduit à des fonctions parmi lesquelles Cauchy se propose de distinguer celles qui sont singulières au sens de non particulières. Il établit alors une condition nécessaire et suffisante pour qu'une fonction soit intégrale singulière, qui s'exprime à l'aide de la notion d'intégrale définie singulière exposée dans son cours de première année (46).

(42) Cauchy, par contre, ne donne pas d'exemple montrant la possibilité d'unicité en l'absence des conditions de régularité. A propos d'une équation dont le coefficient différentiel devient infini [p. 122], il indique bien que la non-unicité est alors seulement une possibilité, mais cette possibilité est précisément réalisée dans ce cas. Dans le cas où $f(x, y) = 0$ pour $y = 0$, Cauchy fait par ailleurs remarquer que la méthode polygonale peut, même si les conditions de régularité ne sont pas satisfaites, permettre de construire la solution, particulière ou singulière, $y \equiv 0$. Mais sa volonté de montrer la généralité de la méthode le conduit à dire [p. 89] qu'elle permettrait de construire les deux solutions distinctes qui passeraient par un point donné, alors qu'au sens strict elle ne permet précisément d'en obtenir qu'une.
(43) L'expression « intégrale régulière » remplace ici l'expression de Cauchy : « *l'une des intégrales particulières que nous avons considérées dans les trois dernières leçons* » [p. 85] qui apparaît à plusieurs reprises dans la 10e leçon; de même que la locution « *intégrale singulière, ou intégrale particulière toujours distincte de celles dont nous venons de parler* » [p. 85] correspond à ce que nous appelons « intégrale irrégulière ».
(44) Notion qui pourtant apparaissait dans l'étude du prolongement de la solution (voir *supra* note (33) p. XXVIII).
(45) Cauchy ne souligne d'ailleurs pas qu'une fonction satisfaisant aux conditions de non-régularité peut ne pas être une intégrale de l'équation.
(46) 25e leçon (*O.C.*, s. 2, t. IV, p. 145).

Ce critère le conduit, par rapport aux conditions de non-régularité, à restreindre la condition nécessaire pour qu'une intégrale soit une intégrale singulière à $\frac{\partial f}{\partial y}(x, y) = \frac{0}{0}$ ou ∞ [p. 100]. Cependant, cette condition n'est pas suffisante comme le montrent les exemples de la 10e leçon [(47)].

Le cours de Cauchy se caractérise donc par des nouveautés importantes quant à son contenu. Mais il faut dire aussi un mot de la *forme* de l'exposé. Le souci de clarté et de rigueur de Cauchy se manifeste également à ce niveau, notamment par la structuration de leçons entières suivant le schéma : théorèmes, avec hypothèses et conclusions clairement énoncées et une progressivité qui fait apparaître que certains jouent le rôle de lemmes; démonstrations; corollaires. C'est le cas spécialement des leçons 7, 8 et 13 où il expose ses résultats d'existence [(48)]. Une telle présentation apparaît donc liée à la généralité et à l'importance estimée du contenu théorique exposé. Par sa forme aussi le cours de Cauchy se différencie nettement des traités antérieurs [(49)].

Si, après avoir étudié les leçons de Cauchy, nous les comparons à celles de Moigno [(50)], deux éléments apparaissent. Le premier, c'est une grande similitude entre les deux textes, similitude qui va parfois jusqu'à l'identité mot à mot. A partir de cette constatation, il nous semble clair que Moigno a dû avoir entre les mains au moment de la rédaction de son ouvrage au moins une partie des feuilles imprimées du cours de Cauchy ou le manuscrit correspondant.

Cependant, et c'est le deuxième élément, il n'y a pas identité totale entre les deux exposés. On constate que Moigno a parfois modifié l'organisation des leçons de Cauchy, retiré un passage ou ajouté un autre, sans que cela paraisse introduire une différence importante [(51)]. Mais il y a plus. Certaines « petites » modifications et certains « détails » de présentation aboutissent chez Moigno à un exposé sensiblement différent de celui de Cauchy bien que portant apparemment sur le même contenu mathématique.

Dans les leçons sur l'intégration exacte où, on l'a vu, Cauchy opérait déjà une modification en utilisant des intégrales définies, Moigno, lui, revient systématiquement aux intégrales indéfinies. Cela aboutit à des imprécisions voire à des confusions qu'il n'y a pas chez Cauchy. Par exemple, dans le cas de l'équation linéaire

(47) Voir *infra* p. XXXIX.

(48) Une telle présentation apparaît aussi dans la 11e leçon. Par contre le passage de la 8e leçon sur le prolongement de la solution et la 10e leçon qui contient le résultat d'unicité locale et la classification des diverses intégrales d'une équation différentielle ne sont pas ainsi structurés.

(49) Et de beaucoup de traités postérieurs.

(50) Les leçons de Moigno qui correspondent à la matière du fragment retrouvé du cours de Cauchy sont les leçons 22 à 29 et la leçon 33 du tome 2 de son traité.

(51) Le retrait quantitativement le plus important se situe dans la 12e leçon de Cauchy : le contenu des pages 114 à 122 ne se retrouve pas dans la 28e leçon de Moigno consacrée au calcul numérique.
D'autre part, le fragment de la 13e leçon de Cauchy apparaît assez différent dans son organisation et sur des points techniques avec la partie correspondante de la 33e leçon de Moigno. Ce qui peut laisser penser que Moigno a utilisé dans ce cas une source venant sans doute de Cauchy, mais différente des feuilles imprimées présentées ici.

sans second membre [52], $y_1 = e^{-\int F(x)dx}$ n'est pas, contrairement à ce que dit Moigno, une intégrale particulière et en conséquence l'écriture de l'intégrale générale ne fait plus apparaître clairement comme chez Cauchy, que toute intégrale est proportionnelle à l'intégrale particulière y_1.

Moigno a ajouté au début de son exposé sur la théorie des équations différentielles deux paragraphes [53] qui ne figurent pas dans le cours de Cauchy et qui en modifient singulièrement la portée. Si Moigno indique : « *Nous prouverons plus tard analytiquement et rigoureusement que l'intégrale d'une équation quelconque du premier ordre à deux variables existe* », il ajoute cependant : « *quelques considérations géométriques mettent aussi cette existence* hors de doute [54]. » Puis, après avoir construit un polygone dont il affirme qu'il s'approchera d'une courbe dont l'équation sera l'intégrale de l'équation différentielle, quand on en augmente le nombre de côtés, il ajoute : « *Mais cette construction prouve aussi qu'une équation différentielle du premier ordre appartient à une infinité de courbes, (...) on peut remarquer d'ailleurs que le choix de l'une quelconque de ces lignes dépend d'une seule quantité arbitraire.* » Ainsi donc pour Moigno cette construction géométrique prouve d'emblée, sans aucune hypothèse sur le second membre de l'équation différentielle $\frac{dy}{dx} = f(x, y)$, que l'intégrale générale existe et qu'elle dépend d'une constante arbitraire [55, 56]. On peut trouver de tels raisonnements notamment chez Lacroix [57] et chez Ampère [58] mais pas dans le cours de Cauchy.

Dans la présentation de Moigno, les articulations essentielles de l'exposé de Cauchy ne sont souvent pas mises en valeur; elles perdent même parfois leur signification. Ainsi le contenu de la 6e leçon de Cauchy, dont on a dit l'importance comme transition vers sa nouvelle problématique (voir *supra* p. XXIII), figure-t-il avec le contenu de la 5e leçon portant sur les intégrales singulières, dans la 25e leçon de Moigno; leçon classée dans son introduction (p. XXXIV) avec celles concernant l'intégration exacte et caractérisées comme n'offrant « rien de nouveau ». On peut noter aussi que Moigno ne reprend pas dans le titre de sa 26e leçon la restriction (« un grand nombre d'équations ») qui figurait dans le titre de la leçon correspondante de Cauchy, la 7e, et qui renvoyait à la moindre généralité du théorème d'existence établi dans cette leçon par rapport à celui de la leçon suivante.

Par ailleurs, le raisonnement de Cauchy sur le prolongement de la solution que l'on trouve dans la 8e leçon est rapporté par Moigno dans sa 27e leçon avec une certaine obscurité. En effet, ce développement apparaît chez lui comme situé dans la suite de l'application des théorèmes 2 et 3 de la leçon, théorèmes d'existence sous des hypothèses plus restrictives, alors que Cauchy inclut son étude dans le

---

(52) Cauchy, [p. 9]; Moigno, *op. cit.*, t. 2, p. 359.
(53) *Op. cit.*, 22e leçon, pp. 334-338.
(54) Souligné par nous.
(55) En fait, même sous l'hypothèse que la fonction f est continue, l'unicité de la courbe solution, supposée dans le raisonnement précédent, peut être en défaut en tous les points du plan.
(56) Moigno donne ensuite une seconde « preuve » du fait que l'intégrale dépend d'une constante arbitraire, basée sur le principe de l'élimination.
(57) *Op. cit.*, t. II, p. 451.
(58) Cours de l'École polytechnique (1826-27). Voir *supra* note (36) p. XVIII.

cadre général. De plus on peut noter que, alors que le reste sera identique au texte de Cauchy, le morceau de phrase justifiant la possibilité du premier prolongement ne figure pas chez Moigno alors qu'il représente la clé du raisonnement.

Notons enfin que l'on ne retrouve pas chez Moigno la présentation structurée en théorèmes explicitement énoncés, démonstrations et corollaires, que l'on a signalée chez Cauchy, ce qui donne une moindre clarté à son exposé du théorème d'existence (59).

Ces quelques observations suffisent à montrer que si Moigno a rapporté la plupart des matériaux contenus dans le cours de Cauchy, son exposé n'a pas la cohérence et la systématicité de ce dernier. L'importance de l'apport de Cauchy et sa signification apparaissent donc beaucoup plus clairement dans le document retrouvé (60).

(59) L'introduction des hypothèses au fur et à mesure des besoins dans un long raisonnement insuffisamment structuré, conduit même Moigno à une erreur : il appelle A (*op. cit.*, p. 386) le plus grand des nombres $f(x_0, y_0)$, ..., $f(x_{n-1}, y_{n-1})$ quand une seule subdivision intervient, puis s'en sert ensuite quand on change de subdivision. Cauchy indique, lui, dès l'hypothèse de son 1er théorème, qui n'est lui-même qu'un lemme pour établir le 4e théorème, que A doit être un majorant de tous les $f(x, y)$ pour $x_0 \leqslant x \leqslant X$ et y quelconque.

(60) Cela montre l'intérêt historique qu'il y aurait à retrouver une suite manuscrite du fragment ici présenté.
D'après le programme officiel de l'École polytechnique (voir Annexe), la suite du cours devait notamment comprendre des leçons portant sur les équations différentielles d'ordre n et en particulier les équations linéaires. Une note de Cauchy « *sur la nature des problèmes que présente le calcul intégral* » (*Exercices d'analyse*, Paris, 1841 ; *O.C.*, s. 2, t. XII, p. 263) donne sur ces matières de son cours quelques indications qui peuvent aider, à l'aide du traité de Moigno, à imaginer ce que pouvaient être certaines de ces leçons.

LE COURS DE CAUCHY ET SA CONCEPTION DE L'ANALYSE

Pour comprendre la signification historique du cours de Cauchy sur la théorie des équations différentielles, il ne suffit pas, pensons-nous, de relever les innovations qu'il a apporté à cette théorie. Il nous semble important de ne pas l'isoler d'autres travaux de Cauchy qui lui sont contemporains et en particulier du cours, connu, de première année de l'École polytechnique.

Apparaît alors en premier lieu *l'unité* profonde du cours de calcul intégral dont la première partie (1) — théorie de l'intégration — s'effectuait en première année, et la seconde partie — théorie des équations différentielles — en seconde année. L'unité de ces deux théories chez Cauchy (2) se manifeste tant au niveau des problèmes posés que des méthodes utilisées pour les résoudre.

Dans les deux cas un problème nouveau émerge dans la théorie : celui de l'existence. « *Dans le calcul intégral*, écrit Cauchy dans l'avertissement à ses leçons de calcul infinitésimal de première année, *il m'a paru nécessaire de démontrer généralement l'existence des* intégrales *ou* fonctions primitives *avant de faire connaître leurs diverses propriétés.* » Dans le but de démontrer l'existence des intégrales on a vu qu'en théorie des équations différentielles, Cauchy posait d'abord le problème plus précis de l'existence de l'intégrale particulière correspondant à des valeurs initiales données. C'est un déplacement analogue du problème qu'il opère en théorie de l'intégration, comme il l'indique dans le même avertissement : « *Pour y parvenir* [à montrer l'existence des intégrales], *il a fallu d'abord établir la notion* d'intégrales prises entre des limites données *ou* intégrales définies. »

A cette analogie entre les problèmes posés correspond une grande similitude entre les démonstrations. Pour montrer l'existence de l'intégrale définie (3)

(1) Dans le *Résumé* de 1823, à partir de la 21e leçon (*O.C.*, s. 2, t. IV, p. 122).
(2) Certains aspects de cette unité sont soulignés par Cauchy lui-même dans la note indiquée *supra* p. XXXIV, note (60).
(3) Couramment appelée depuis « intégrale de Cauchy ».

$\int_{x_0}^{X} f(x)dx$ de la fonction continue f, Cauchy associe (4) à une subdivision de l'intervalle (x_0, X) le nombre $S = (x_1 - x_0)f(x_0) + \dots + (X - x_{n-1}) f(x_{n-1})$, étudie comment varie S quand on passe à une subdivision plus fine, établit que la différence des valeurs de S est infiniment petite si on considère deux subdivisions quelconques dont les pas sont infiniments petits, et conclut que la valeur de S converge vers une limite indépendante du mode de subdivision choisi lorsque le pas de la subdivision tend vers zéro. La démarche d'ensemble pour établir l'existence de la limite de S est donc la même que celle qui permet d'établir l'existence de la limite de Y dans le cours de seconde année (5). Si le fait que pour les équations différentielles la fonction f dépend aussi de y exige des développements particuliers, on remarquera que certaines parties des deux démonstrations sont mot à mot identiques, notamment le raisonnement sur la convergence vers la limite (6). Les deux démonstrations ont d'ailleurs en commun les lacunes déjà constatées dans le cours de seconde année : l'utilisation non justifiée d'une propriété d'uniforme continuité et d'un critère de convergence « de Cauchy » (7). Dans chacun des deux cas, c'est l'utilisation d'une approximation par les différences finies et la démonstration de convergence du procédé qui permet de montrer sous des hypothèses générales l'existence de l'objet en question et de fonder ainsi véritablement la théorie.

Une telle unité entre les deux théories n'est pas étonnante : la première partie du calcul intégral correspond à l'intégration de l'expression différentielle $dy = f(x)\, dx$ qui est un cas particulier de l'équation différentielle générale $dy = f(x, y)\, dx$. Cauchy définit ainsi (8) l'intégrale indéfinie $\int f(x)\, dx$ comme la « valeur générale » de l'équation $dy = f(x)\, dx$; la fonction $F(x) = \int_{x_0}^{x} f(x)\, dx$ (dite intégrale prise à partir de l'origine $x = x_0$) obtenue en faisant varier l'une des bornes dans l'intégrale définie apparaissant comme une « valeur particulière » de l'équation différentielle (celle qui s'annule pour $x = x_0$) (9).

On a donc dans chacune des théories trois notions, et c'est la démonstration de l'existence du nombre — intégrale définie $\int_{x_0}^{X} f(x)dx$ ou valeur $\mathscr{F}(X)$ de la limite de Y — qui est la clé permettant d'établir l'existence de la fonction particulière — primitive $F(x)$ ou solution du problème de Cauchy — puis de la valeur générale —

(4) 21e leçon (*O.C.*, s. 2, t. IV, p. 122).
(5) [7e leçon, théorèmes 1, 2 et 3]. On notera l'égalité [p. 41] :

$$Y - y_0 = (x_1 - x_0)\, f(x_0, y_0) + \dots + (X - x_{n-1})\, f(x_{n-1}, y_{n-1})$$

généralisant celle qui définit S.
(6) 1re année, p. 125; 2e année pp. 50-51. On notera aussi l'identité des deux textes sur le plan des notations.
(7) Voir *supra* notes (25) et (27) p. XXVI.
(8) Voir *Résumé*, 26e leçon; *O.C.*, s. 2, t. IV, p. 154. Voir aussi 27e leçon p. 157.
(9) Notons que Cauchy écrit $\int f(x)dx = F(x) + \sigma$ où σ est une fonction constante par morceaux, ce qui correspond à la généralisation de l'intégrale générale d'une équation différentielle qu'il donne dans la 10e leçon de seconde année [p. 84].

intégrale indéfinie ou intégrale générale. Il faut cependant remarquer une différence entre les deux théories quant à l'importance respective de ces différents concepts. Dans la théorie des équations différentielles on a vu que c'était la fonction solution du problème de Cauchy qui jouait le rôle central, la valeur $\mathscr{F}(X)$ étant un intermédiaire pour la démonstration de son existence. Au contraire, dans la théorie de l'intégration le concept d'intégrale définie a une importance en soi (10) et l'étude de ses propriétés occupe d'emblée plusieurs leçons de Cauchy (11).

Unité donc du cours de Cauchy de seconde année sur les équations différentielles avec le cours sur l'intégration des fonctions, mais il faut souligner plus généralement son unité avec l'ensemble du cours d'analyse de première année (12). Elle est marquée d'abord par la présence dans le cours de seconde année de références nombreuses à des résultats figurant dans le cours publié de première année. On peut rappeler en particulier le rôle central joué dans la démonstration d'existence par le théorème des accroissements finis établi dans le cours de calcul différentiel (13).

Mais il y a plus. S'il était reconnu bien avant Cauchy que beaucoup d'équations différentielles n'étaient pas susceptibles d'une intégration exacte, l'utilisation systématique du développement en série de Taylor, même si elle ne résolvait pas tous les problèmes, rendait en tout cas non problématique l'existence de l'intégrale (14). Or, c'est précisément un tel usage systématique et formel des séries que critique Cauchy dans la fameuse introduction de 1821 à la première partie de son cours d'analyse (15). Le même souci de rigueur s'exprime dans l'avertissement de 1823 au cours de calcul infinitésimal (16) : « *j'ai cru devoir rejeter*, dit Cauchy, *les développements des fonctions en séries infinies, toutes les fois que les séries obtenues ne sont pas convergentes.* » Il indique, de plus, que le développement de Taylor même convergent d'une fonction peut différer de la fonction (17) et ajoute : « *Au reste, ceux qui liront mon ouvrage, se convaincront, je l'espère, que les principes du calcul différentiel, et ses applications les plus importantes, peuvent être facilement exposés, sans l'intervention des séries.* » La critique de Cauchy vis-à-vis de la méthode des séries telle qu'elle était utilisée à l'époque le pousse à développer la

(10) Il permet par exemple de résoudre le problème du calcul de l'aire limitée par une courbe, sans aucune considération de fonction primitive. C'est ce que souligne Cauchy dans un article publié en Italie en 1831 « Sui metodi analitica » (*O.C.*, s. 2, t. XV, p. 177) où il critique la conception qui définit le calcul intégral comme l'inverse du calcul différentiel et lui donne pour but de remonter des coefficients différentiels aux fonctions dont ils dérivent (on trouve une telle définition par exemple chez Lacroix, *op. cit.*, t. II, p. 1).
(11) Notons aussi une différence de présentation : en théorie de l'intégration, Cauchy commence par montrer l'existence et étudier les propriétés de l'intégrale définie avant de consacrer des leçons, assez nombreuses, à la recherche formelle des intégrales indéfinies; en théorie des équations différentielles, il avait au contraire commencé par quelques leçons, peu nombreuses, sur la recherche de l'expression exacte des intégrales générales avant d'aborder la démonstration d'existence de la solution du problème de Cauchy.
(12) En plus de l'unité de contenu, il faut noter l'unité de forme relativement à la clarté de la présentation et la structuration de plusieurs leçons en théorèmes-démonstrations-corollaires.
(13) Voir *supra* p. XXVI.
(14) Voir *supra* note (14) p. XXIV.
(15) *O.C.*, s. 2, t. III.
(16) *O.C.*, s. 2, t. IV.
(17) Il renvoie ici à la 38e leçon, où il donne l'exemple de la fonction e^{-1/x^2}.

théorie des séries convergentes (18). Mais en même temps, les incertitudes et la moindre généralité de la méthode qui apparaissent ainsi le conduisent d'une part à rejeter l'utilisation des séries pour fonder le calcul infinitésimal (19) et d'autre part à en limiter l'emploi dans les diverses branches de l'analyse. C'est ce que montre son cours de l'École polytechnique et en particulier celui de seconde année sur les équations différentielles.

On peut préciser la conception qu'avait alors Cauchy des rapports entre la méthode des séries et la théorie des équations différentielles grâce à son court mémoire de 1822 déjà évoqué (20). Après avoir souligné que, pour découvrir et démontrer les propriétés des fonctions, on avait souvent employé leurs développements en séries et qu'il en était ainsi pour plusieurs problèmes de la théorie des équations différentielles, Cauchy ajoute : « *Toutefois, en remplaçant les fonctions par les séries, on suppose implicitement qu'une fonction est complètement caractérisée par un développement composé d'un nombre infini de termes, au moins tant que ces termes obtiennent des valeurs finies.* » C'est cette supposition générale (21) que Cauchy se propose alors d'invalider par un développement un peu plus long et précis que celui qui figure à la fin de la 38ᵉ leçon du cours de 1823 (22) et auquel on se réfère souvent.

Il montre que la fonction e^{-1/x^2} ou plus généralement une fonction du type $e^{-1/x^2 P(x)}$ où P(x) est un polynôme dont le terme constant est strictement positif, a un développement formel en série de Maclaurin identiquement nul bien que la fonction ne le soit pas. A l'aide de ces fonctions, Cauchy peut déduire « *qu'à une seule série même convergente, correspond une infinité de fonctions différentes les unes des autres* ». Les exemples donnés par Cauchy de fonctions indéfiniment dérivables mais non analytiques (non développables en série de Taylor) en $x = 0$ rompent donc le lien univoque qui était supposé exister entre le développement formel en série et la fonction (23). La conclusion de Cauchy en découle : « *Il n'est donc pas*

(18) Dans la 1ʳᵉ partie du Cours d'analyse, *O.C.*, s. 2, t. III.
(19) Dans l'avertissement évoqué précédemment, il critique explicitement la démarche de Lagrange.
(20) *Supra* note (20) p. xxv.
(21) Le *Traité* de Lacroix illustre bien cette supposition. La position qu'il exprime peut être ainsi résumée : sauf éventuellement en quelques points exceptionnels où la fonction (ou l'une de ses dérivées) devient infinie, celle-ci est développable en série de Taylor. Lacroix, en donnant l'exemple de la fonction $\frac{a}{a-x}$, indique cependant (*op. cit.*, t. I, p. 4) que la série obtenue $1+\frac{x}{a}+\frac{x^2}{a^2}+$ etc., ne donne la *valeur* de la fonction que lorsque la série est convergente ce qui n'est pas le cas ici pour tout x. Mais si la série numérique n'est pas toujours convergente et ne donne pas toujours la valeur de la fonction, le *développement* analytique en série a, lui, un lien univoque avec la fonction. Ainsi la série $1+\frac{x}{a}+\frac{x^2}{a^2}+$ etc., « *est tellement liée*, dit Lacroix, *avec la fraction* $\frac{a}{a-x}$, *que si une question nous conduisait à la série* $1+\frac{x}{a}+\frac{x^2}{a^2}+$ *etc., nous serions en droit d'en conclure que la fonction cherchée n'est autre que* $\frac{a}{a-x}$; *ou si nous découvrions quelque propriété relative à une suite de termes tels que* $1+\frac{x}{a}+\frac{x^2}{a^2}+$ *etc., nous pourrions affirmer qu'elle appartient à la fonction* $\frac{a}{a-x}$ ».
(22) *O.C.*, s. 2, t. IV, p. 229.
(23) De même que la proclamation de ce lien est sans doute à rapprocher, chez Lacroix, de la croyance au fait que la série obtenue par le développement de Taylor en $x = a$ d'une fonction indéfiniment déri-

permis de substituer indistinctement les séries aux fonctions, et pour être assuré de ne commettre aucune erreur, on doit borner cette substitution au cas où les fonctions, étant développables en séries convergentes, sont équivalentes aux sommes de ces séries. » Il ajoute : « *Après les considérations que nous venons d'exposer, on ne sera pas surpris de trouver en défaut dans certains cas des propositions générales établies par le moyen des séries* » et il donne un exemple en théorie des équations différentielles ordinaires, qui concerne la question des intégrales singulières. Pour montrer l'insuffisance du critère, établi à l'aide des séries, selon lequel $y = F(x)$ est intégrale singulière de l'équation $dy = f(x, y)\,dx$ si, et seulement si, elle rend infini le coefficient $\frac{\partial f}{\partial y}(x, y)$ (24), Cauchy donne le contre-exemple de l'intégrale particulière $y = x$ de l'équation $dy = [1 + (y - x)\log(y - x)]\,dx$ (25).

La position qui est alors celle de Cauchy est bien résumée par cette phrase de son mémoire : « *Après avoir montré l'insuffisance des méthodes d'intégration fondées sur le développement en séries, il me reste à dire en peu de mots ce qu'on peut leur substituer.* » Il renvoie alors aux méthodes exposées dans ses leçons de l'École polytechnique, comme on l'a déjà signalé (26). Sur la question de la distinction entre intégrales singulières et intégrales particulières, il rappelle une règle, « *que l'on démontre rigoureusement sans le secours des séries* » et qu'il a donné dans un mémoire lu à l'Institut le 13 mai 1816, qui correspond au critère qui figure dans la 11e leçon du cours retrouvé (27).

Cette position critique de Cauchy vis-à-vis de la méthode des séries nous semble donc un élément important pour comprendre l'émergence de sa nouvelle problématique en théorie des équations différentielles : la position du problème de l'existence de la solution d'une équation différentielle générale et sa résolution grâce à une démonstration de convergence des valeurs numériques approchées vers une limite. Dans le cours de Cauchy, la notion de limite non seulement remplace celle de série comme notion première pour fonder l'analyse, mais apparaît aussi comme une technique essentielle notamment pour les démonstrations générales d'existence (28).

---

vable, « *peut toujours être rendue convergente, en n'assignant à* x *que des valeurs très peu différentes de a* » (*op. cit.*, t. II, p. 409).

(24) Poisson, par exemple, expose ce résultat, qu'il attribue à Laplace, dans un mémoire publié dans le 13e cahier du *Journal de l'École polytechnique*, 1806, p. 68.

(25) Voir l'exemple de l'équation $dy = yly dx$ vérifiée par l'intégrale particulière $y = 0$, donné dans le cours de seconde année [10e leçon, p. 86].

(26) *Supra* note (20) p. xxv.

(27) Notons cependant que dans son mémoire de 1822, il utilise pour exprimer son critère une intégrale généralisée au lieu d'une intégrale singulière dans son cours. Dans un autre mémoire de 1822 *Sur les intégrales définies* (*O.C.*, s. 2, t. II, p. 283) Cauchy évoque le mémoire du 13 mai 1816 comme exemple d'application de la notion d'intégrale singulière. On sait que cette dernière notion figurait déjà dans un mémoire présenté à l'Académie le 22 août 1814 (*O.C.*, s. 1, t. I, pp. 319 *sqq.*).

(28) L'unité du cours d'analyse de Cauchy à l'École polytechnique, que l'on a soulignée, conduit à poser la question de la date d'élaboration du contenu des ouvrages classiques de première année. Si, comme nous l'avons avancé (*supra* note (20) p. xxv), le théorème d'existence pour les équations différentielles date d'avant 1820, c'est aussi d'avant 1820 qu'il faut dater l'essentiel des notions et résultats que contiennent ces ouvrages.

LE SECOND THÉORÈME D'EXISTENCE

L'unité ainsi décrite entre la conception de Cauchy en théorie des équations différentielles et sa conception générale de l'analyse à l'époque de ses cours de l'École polytechnique, peut permettre d'éclairer la signification de sa seconde méthode de démonstration d'existence de la solution. Cette seconde méthode est exposée dans un *Mémoire sur l'intégration des équations différentielles* lithographié à Prague en 1835 (1).

En introduction de ce mémoire, Cauchy reprend sa critique contre la méthode des séries telle qu'elle était pratiquée jusque-là : « *L'intégration par série des équations différentielles était donc illusoire, tant qu'on ne fournissait aucun moyen de s'assurer que les séries obtenues étaient convergentes, et que leurs sommes étaient des fonctions propres à vérifier les équations proposées; en sorte qu'il fallait nécessairement ou trouver un tel moyen, ou chercher une autre méthode à l'aide de laquelle on pût établir généralement l'existence des fonctions propres à vérifier les équations différentielles et calculer des valeurs indéfiniment approchées de ces mêmes fonctions.* » (2) Après avoir indiqué que la seule méthode remplissant jusqu'alors ce double but, pour un système quelconque d'équations différentielles, est celle publiée dans ses leçons de seconde année de l'École polytechnique, et en avoir donné un court résumé, Cauchy présente sa seconde méthode qui, indiquera-t-il à la fin du mémoire, transforme « *en une théorie complètement rigoureuse l'intégration par séries d'un système quelconque d'équations différentielles* » (3).

La démonstration d'existence se fait ici en trois temps. Cauchy montre d'abord que l'on obtient les intégrales générales d'un système d'équations différentielles ordinaires en égalant à des constantes arbitraires (4) certaines intégrales parti-

---

(1) Ce mémoire a été reproduit dans le tome 1 des *Exercices d'analyse et de physique mathématique*, publié en 1840 (*O.C.*, s. 2, t. XI, pp. 399 *sqq.*).
(2) *Op. cit.*, p. 400.
(3) *Op. cit.*, p. 463.
(4) Ces constantes arbitraires étant des valeurs particulières des fonctions inconnues pour une valeur donnée τ de la variable indépendante t.

culières d'une équation aux dérivées partielles du premier ordre, linéaire et sans second membre que l'on peut associer au système (5). Puis il construit ces intégrales particulières sous la forme de séries dont il montre (6) qu'elles vérifient l'équation aux dérivées partielles si elles sont convergentes. Cauchy indique alors ce qui va constituer le troisième temps, et son apport essentiel à cette question :

« *Il nous reste à faire voir comment on peut s'assurer généralement que les séries (...) du paragraphe précédent sont convergentes, du moins pour des valeurs de la différence* t — τ *ou* τ — t *suffisamment rapprochées de zéro, et comment on peut alors fixer des limites supérieures aux erreurs que l'on commet en conservant seulement dans chaque série les* n *premiers termes. Le nouveau calcul que j'ai désigné sous le nom de calcul des limites, (...), fournit diverses méthodes à l'aide desquelles on peut atteindre ce double but.* » (7)

Cauchy a introduit son calcul des limites dans un mémoire lithographié à Turin et déjà évoqué (8). En utilisant ce qu'on appelle aujourd'hui la « formule intégrale de Cauchy » le long d'un cercle de centre l'origine, il prouve : « *1° que la fonction* f(x) *est développable par le théorème de Maclaurin en une série convergente ordonnée suivant les puissances ascendantes de* x, *lorsque, le module de* x *étant égal ou inférieur à* X, *la fonction* f(x) (9) *reste finie et continue pour le module* X *ou pour un module plus petit de la variable réelle ou imaginaire* x *; 2° qu'alors, dans le développement de* f(x) *suivant les puissances ascendantes de* x, *le coefficient de* x^n *offre un module inférieur au quotient qu'on obtient en divisant par* X^n *le module maximum de* $f(\bar{x})$ (10) » (11).

(5) Cauchy indique (*op. cit.*, p. 404) que c'est le mémoire d'Hamilton sur l'intégration des équations différentielles de la dynamique qui l'a ramené vers cette idée de réduire l'intégration d'un système d'équations différentielles à celle d'une seule équation aux dérivées partielles du premier ordre. Or la première partie du mémoire d'Hamilton en question *On a general method in dynamics* a été publiée en 1834 (reproduit dans ses *Mathematical Papers*, vol. II, p. 103). La seconde méthode de Cauchy telle qu'elle apparaît dans le mémoire de Prague ne date donc pas de 1831, contrairement à ce qu'indiquent divers auteurs. Dans le *Résumé d'un mémoire sur la mécanique céleste et sur un nouveau calcul appelé calcul des limites* lu à l'Académie de Turin le 11 octobre 1831, Cauchy énonce, comme application du calcul des limites, un théorème d'existence des solutions d'un système différentiel sous la forme de séries obtenues par la méthode des coefficients indéterminés (*O.C.*, s. 2, t. XII, p. 57). Mais cela semble n'avoir qu'une valeur programmatique car on ne trouve de démonstration ni dans le *Résumé* ni dans le mémoire complet (*O.C.*, s. 2, t. XV). Cauchy précise d'ailleurs dans une note aux *Comptes rendus de l'Académie des sciences* du 5 août 1839 (*O.C.*, s. 1, t. IV, p. 483), que l'accueil réservé à ses mémoires de Turin l'a encouragé « *à suivre*, dit-il, *la route qui s'était ouverte devant moi, et à exécuter le dessein que j'avais annoncé, (...), de faire voir comment le nouveau calcul peut être appliqué aux séries qui représentent les intégrales d'un système d'équations différentielles linéaires ou non linéaires. Tel est effectivement l'objet d'un mémoire lithographié à Prague en* 1835 ».

(6) Cette démonstration est basée en fait sur l'utilisation d'un théorème erroné donné par Cauchy dans sa 40e leçon de première année (*O.C.*, s. 2, t. IV, p. 237) selon lequel l'intégrale de la somme d'une série convergente dont les termes sont des fonctions continues est toujours la somme de la série des intégrales de ces termes.

(7) *Op. cit.*, p. 431.

(8) Voir note (5) ci-dessus.

(9) Dans la reproduction de son mémoire dans ses *Exercices* en 1841, Cauchy ajoute entre parenthèses : « *ou sa dérivée du premier ordre* ». Cette hypothèse supplémentaire, complétant la première hypothèse insuffisante, apparaît dans la note aux *Comptes rendus* du 5 août 1839 indiquée dans la note (5) ci-dessus. En fait l'hypothèse d'existence de la dérivée par rapport à la variable complexe est à la fois nécessaire et suffisante. On dit alors que la fonction est holomorphe, il en résulte qu'elle est analytique.

(10) Cauchy pose $\bar{x} = X e^{p\sqrt{-1}}$; le module maximum de $f(\bar{x})$ est la valeur maximum du module de $f(\bar{x})$ lorsque p varie de $-\pi$ à π, X restant constant. Il l'appelle aussi la limite du module de $f(\bar{x})$ et le note $\Lambda\, f(\bar{x})$; d'où le nom de « calcul des limites » qu'il donne à cette méthode.

(11) *O.C.*, s. 2, t. XII, pp. 51-52. Il étend ensuite ces résultats aux fonctions de plusieurs variables.

Dans le mémoire de Prague, Cauchy établit les inégalités indiquées au 2° (12) en un point x quelconque, soit :

$$\text{mod}\, f^{(n)}(x) \leqslant n!\, r^{-n} \wedge f(x + \bar{x})$$

avec $\bar{x} = re^{p\sqrt{-1}}$; f étant supposée continue dans le disque de centre x et de rayon r et $\wedge f(x + \bar{x})$ désignant le maximum de mod $f(x + \bar{x})$ sur le bord de ce disque. Ce sont ces majorations qui constituent la clé de la démonstration de convergence des séries représentant les intégrales des équations différentielles. En effet, pour le cas d'une seule équation $dx = F(x, t)\, dt$ par exemple, ces inégalités permettent de majorer en module les dérivées de $F(x, t)$ par rapport à x qui s'introduisent dans les termes de la série (13) donnant l'intégrale, et de majorer ainsi en module son terme général par une expression du type $b(|t - \tau|k)^n$, terme général d'une série géométrique convergente si $|t - \tau| < \frac{1}{k}$. Cela assure la convergence de la série et donc l'existence de l'intégrale pour $\tau - t$ assez petit, et donne une majoration de l'erreur commise en ne prenant que les n premiers termes de la série par le reste correspondant de la série géométrique.

L'hypothèse de ce théorème d'existence correspond à celle du mémoire de Turin pour justifier les résultats du calcul des limites, et est ainsi formulée par Cauchy dans l'énoncé du théorème : le module r de $\bar{x} = re^{p\sqrt{-1}}$ doit être tel que « *la fonction* F[x + x̄, t + θ(τ — t)] *demeure finie et continue, quel que soit l'angle* p, *pour cette valeur de* r *et pour une valeur plus petite* » (θ étant un nombre compris entre 0 et 1) (14). Si on regarde la démonstration, on constate que Cauchy utilise pour chaque θ une majoration en module des dérivées partielles de $F(x, t)$ par rapport à x à l'aide de $\wedge F[x + \bar{x}, t + \theta(\tau - t)]$, puis une majoration uniforme par rapport à la seconde variable en introduisant une valeur Θ de θ telle que le module précédent soit le plus grand possible. La démonstration de Cauchy utilise en fait la continuité de F par rapport au couple (x, t) et, pour chaque t, son analyticité par rapport à x, dans un voisinage des valeurs initiales de x et t (15).

Il apparaît donc, dans une vue récurrente, qu'il ne s'agit pas d'une seconde méthode pour démontrer un même résultat mais d'un second *théorème* d'existence locale pour les équations différentielles; théorème moins général que celui établi dans le cours de seconde année de l'École polytechnique puisque supposant l'hypothèse plus forte d'*analyticité* du second membre $F(x, t)$ par rapport à x. Mais tel n'était pas le point de vue de Cauchy qui, après avoir résumé sa première méthode, présentait ainsi dans son mémoire son exposé de la seconde méthode : « *Les*

(12) Appelées aujourd'hui « inégalités de Cauchy ».
(13) Soulignons que les séries utilisées par Cauchy ne sont pas en général des séries entières en $(\tau - t)$; elles le sont lorsque les fonctions situées aux seconds membres des équations différentielles ne dépendent pas de t.
(14) *O.C.*, s. 2, t. XI, p. 446. Pour l'ambiguïté concernant la continuité des fonctions de plusieurs variables chez Cauchy, voir *supra* note (21) p. XXVI.
(15) Dans les exemples qu'il développe (*op. cit.*, p. 440, p. 447), Cauchy considère explicitement t, x et $F(x, t)$ réels, l'accroissement $\bar{x}$ de x étant lui imaginaire. C'est en fait la même situation qu'il considère implicitement dans tout son mémoire puisqu'il indique à la fin (*op. cit.*, p. 463) : « *Ajoutons que ces nouveaux théorèmes, comme ceux que nous avons ici énoncés, peuvent être facilement étendus au cas où les variables et les fonctions comprises dans les équations différentielles données deviendraient imaginaires.* » On reviendra sur ce point.

avantages qu'offre la méthode ci-dessus rappelée se retrouvent avec d'autres encore dans celle que je vais maintenant exposer. » (16) Cette phrase exprime bien que pour lui il ne s'agissait pas de deux théorèmes distincts se rattachant à des contextes théoriques différents mais de deux méthodes pour atteindre un *même* double but : montrer l'existence des intégrales et en calculer des valeurs indéfiniment approchées. Elle exprime de plus que la seconde méthode allait être considérée par Cauchy comme la meilleure.

Alors qu'ultérieurement les avantages de la première méthode, tant par la généralité du théorème d'existence auquel elle conduit dans le domaine réel que par le fait qu'elle permet une approximation sur tout l'intervalle d'existence de la solution, seront souvent mis en avant, chez Cauchy c'est au contraire la seconde méthode qui, une fois créée, sera privilégiée. C'est ce qui ressort de la suite de ses travaux en théorie des équations différentielles jusqu'à sa mort en 1857. Alors qu'il reprendra souvent, dans ses notes aux *Comptes rendus de l'Académie des sciences*, l'exposé du second théorème d'existence pour en modifier la démonstration ou pour en préciser les hypothèses ou les conclusions (17), il ne reviendra sur son premier théorème ni pour l'améliorer ni même simplement pour l'exposer. Il ne fera que rappeler l'existence de la première méthode ou lui fera jouer un rôle d'auxiliaire, dans quelques notes aux *Comptes rendus de l'Académie des sciences* consacrées à l'intégration des équations différentielles dans le cadre théorique de la seconde méthode.

Pourquoi une telle situation? Essayons d'apporter quelques éléments qui peuvent contribuer à l'expliquer.

Considérons l'une des notes, celle du 26 octobre 1840 (18), que nous venons d'évoquer pour essayer de mieux comprendre la conception qu'avait Cauchy des hypothèses des deux méthodes. On lit : « *Comme je l'ai fait voir dans mes leçons de seconde année à l'École polytechnique, les valeurs des inconnues* x, y, z, ..., *fournies par l'intégration des équations différentielles (...), restent fonctions continues de la variable indépendante et des constantes arbitraires* X, Y, Z, ... *introduites par l'intégration, tant que les modules des différences* t — θ, x — X, y — Y, z — Z, ... *restent inférieurs à ceux pour lesquels, ou les seconds membres de ces équations différentielles, c'est-à-dire, en d'autres termes, les fonctions* P, Q, ..., *ou les dérivées de ces fonctions, prises par rapport aux diverses variables, deviendraient infinies ou discontinues* (19). » Cauchy en déduit que la série représentant une quelconque des inconnues x, y, z, ... ne cesse pas d'être convergente quand on fait croître le module $t - \theta$ « *jusqu'au moment où cet accroissement produirait, soit une valeur infinie de l'inconnue que l'on considère, soit des valeurs infinies ou discontinues d'une ou*

(16) *Op. cit.*, p. 404.
(17) Voire même simplement pour en changer la forme d'exposition; il arrivera souvent à Cauchy de se répéter dans ses notes.
(18) *O.C.*, s. 1, t. V, p. 360.
(19) Cauchy évoque le résultat d'existence pour un système d'équations $D_t x = P$, $D_t y = Q$, ..., établi dans la 13e leçon de seconde année. Rappelons que l'hypothèse sur les dérivées de P, Q, ... par rapport à t n'est pas nécessaire.

de plusieurs des fonctions P, Q, ... *ou de leurs dérivées du premier ordre, prises par rapport aux diverses variables* ».

Cauchy semble donc penser que les hypothèses de son premier théorème d'existence concernant la continuité des seconds membres et de leurs dérivées permettent d'assurer la convergence du développement en série des solutions puisque celles-ci apparaissent comme continues ainsi que leurs dérivées du premier ordre [20]. Ce n'est sans doute pas un hasard si cette utilisation subreptice du premier théorème pour conforter le résultat obtenu par la seconde méthode survient en 1840, à l'époque où Cauchy ajoute à l'hypothèse de continuité de la fonction celle de sa dérivée pour que le développement d'une fonction en série convergente soit possible [21]. Moyennant une confusion entre domaine réel et domaine complexe, les hypothèses sur les seconds membres peuvent alors sembler analogues [22]. Cela illustre le manque de clarté alors chez Cauchy sur les rapports entre fonction de variable réelle et fonction de variable complexe, et notamment sur la notion de dérivabilité par rapport à une variable complexe.

Pour les deux méthodes, Cauchy parle d'ailleurs d'intégration d'un système « quelconque » d'équations différentielles [23]. Il semble donc qu'il n'ait pas conscience de la différence de généralité qu'impliquent ces méthodes. De plus, elles lui paraissent s'appliquer à des équations différentielles tellement plus générales que celles susceptibles d'une intégration exacte qu'il les qualifie de « quelconques ». Il n'y a pas chez Cauchy la préoccupation, qui sera celle des mathématiciens postérieurement, de délimiter précisément les classes d'équations différentielles concernées par les divers théorèmes d'existence et de rechercher un affaiblissement des hypothèses.

Dans ces conditions, le fait que la seconde méthode fournisse une expression analytique de l'intégrale de l'équation sous la forme d'une série permettant notamment le calcul aisé des valeurs approchées et des erreurs commises, est certainement une raison pratique qui a joué dans le privilège que lui a accordé Cauchy. Mais il nous semble que l'on ne peut pas l'isoler d'une raison plus fondamentale : c'est l'insertion de ce second théorème d'existence pour les équations différentielles dans un ensemble théorique unifié. Dès son mémoire de Turin de 1831 évoqué précédemment, Cauchy fait ressortir cet élément : « *je suis parvenu à établir, sur le développement des fonctions, soit explicites, soit implicites, des principes généraux et d'une application facile, à l'aide desquels on peut non seulement démontrer avec rigueur les formules, et indiquer les conditions de leur existence, mais encore fixer les limites des erreurs que l'on commet en négligeant les restes qui doivent compléter les séries* [24]. » Ces principes, indique-t-il, s'appliquent également aux fonctions de plusieurs variables et aux fonctions implicites déterminées par des équations

---

(20) On trouve un raisonnement semblable dans une note datée du 22 juin 1840 (*O.C.*, s. 1, t. V, p. 234).
(21) Voir *supra* note (9) p. XLII.
(22) Cauchy donne dans sa note un énoncé du premier théorème pour les systèmes d'équations qui correspond à l'existence globale de solutions réelles x, y, z, ... prolongées, qu'il associe formellement à l'énoncé, donné par la seconde méthode, d'existence locale de solutions analytiques jusqu'au premier point singulier.
(23) Par exemple dans la note de 1841 sur le calcul intégral, *O.C.*, s. 2, t. XII, p. 267.
(24) *O.C.*, s. 2, t. XII, p. 51.

différentielles de toutes les sortes. Cette unification repose sur l'introduction d'accroissements imaginaires donnés aux variables et l'utilisation des propriétés des fonctions de variable complexe, ce qui permet d'obtenir les résultats sur le développement des fonctions en séries entières convergentes et les majorations des coefficients (et des restes) de ces séries.

Si l'utilisation de la variable complexe par Cauchy dans son mémoire de Prague peut encore apparaître comme un auxiliaire pour atteindre des résultats concernant des fonctions réelles de variable réelle (25), les liens entre la théorie des équations différentielles et la théorie des fonctions de variable complexe, elle-même en formation, se feront de plus en plus étroits. La présentation du second théorème d'existence notamment, évoluera au rythme des progrès effectués en théorie des fonctions. Ainsi, par exemple, un mémoire du 27 juin 1842 (26) où Cauchy donne une nouvelle présentation du théorème sur la convergence des développements en série, obtenu à l'aide du « calcul des limites » c'est-à-dire des inégalités de Cauchy, est suivi le 4 juillet (27) d'un mémoire où ce résultat est utilisé pour donner une nouvelle forme du théorème d'existence pour les systèmes d'équations différentielles ordinaires (28) puis le 11 juillet (29) par un autre où il est appliqué à la démonstration d'un théorème d'existence pour les équations aux dérivées partielles.

Un autre exemple nous est fourni par un mémoire daté du 23 février 1852 (30) qui se situe dans la période où Cauchy a commencé à préciser les concepts de base de la théorie des fonctions de variable complexe. Les hypothèses de régularité assurant l'existence locale des intégrales d'un système d'équations différentielles sont alors précisées : toutes les fonctions données sont des fonctions de variables complexes monodromes (31), monogènes (32) et finies — c'est-à-dire holomorphes —, les intégrales sont aussi monodromes, monogènes et finies dans un disque de rayon inférieur à la distance au premier point singulier.

Ces progrès dans la compréhension des fondements de la théorie des fonctions de variable complexe auraient pu permettre, en principe, une clarification des liens et des différences entre le cadre réel et le cadre imaginaire et, en théorie des équations différentielles une comparaison des deux théorèmes d'existence. Mais l'importance propre du champ des fonctions de variable complexe, de leurs propriétés et de leurs applications dans de nombreuses branches, conduisit Cauchy à utiliser de manière privilégiée ces fonctions dans l'étude des équations différen-

---

(25) Voir *supra* note (15) p. XLIII.
(26) *O.C.*, s. 1, t. VI, p. 461.
(27) *O.C.*, s. 1, t. VII, p. 17.
(28) Cauchy développe directement les intégrales sous la forme de séries de Taylor, et à l'aide des majorations fournies par les inégalités de Cauchy ramène le problème de la convergence de ces séries à l'intégration d'un système d'équations auxiliaires plus simples dont les intégrales sont elles-mêmes développables en séries entières. C'est la méthode dite aujourd'hui des séries majorantes. Signalons d'autre part que dans cette suite de mémoires, Cauchy ne fait plus figurer l'hypothèse concernant les dérivées du premier ordre des fonctions, ce qui illustre la confusion régnant alors sur les bases de la théorie des fonctions de variable complexe malgré l'ampleur de son développement et de ses applications.
(29) *O.C.*, s. 1, t. VII, p. 17.
(30) *O.C.*, s. 1, t. XI, p. 406.
(31) Cauchy appelle monodrome une fonction qui prend une valeur unique pour une valeur donnée de la variable.
(32) Il appelle monogène une fonction de variable complexe qui a la même dérivée dans toutes les directions.

tielles et semble-t-il à ne pas voir qu'elles n'épuisaient pas toutes les possibilités et nécessités de l'analyse.

Une note aux *Comptes rendus de l'Académie des sciences* du 14 juillet 1856 [33], un an avant sa mort, intitulée *Sur la théorie des fonctions*, illustre bien la conception de Cauchy. Il jette sur ses travaux cette vue rétrospective qui confirme l'ampleur du rôle qu'y a joué la théorie des fonctions de variable complexe : « *on reconnaît sans peine que les fonctions monodromes et monogènes sont précisément celles auxquelles s'appliquent les formules générales que j'ai déduites du calcul des résidus, comme aussi celles que j'ai données pour la détermination des intégrales définies, pour l'énumération des racines réelles ou imaginaires des équations algébriques ou même transcendantes, et pour le développement des fonctions explicites ou implicites en séries convergentes et en produits convergents, les fonctions implicites pouvant d'ailleurs être déterminées, soit par des équations finies, soit par un système d'équations différentielles.* »

La théorie des équations différentielles apparaît en quelque sorte comme une branche de la théorie des fonctions de variable complexe, leurs intégrales ne représentant qu'un cas particulier de fonctions définies implicitement [34]. Une telle orientation peut permettre d'expliquer que Cauchy n'ait pas développé l'étude des équations différentielles générales dans le domaine réel, entreprise dans son cours de seconde année de l'École polytechnique. Elle n'est peut-être pas étrangère non plus au fait que Cauchy n'ait finalement pas publié ce cours ni même le théorème d'existence qu'il contenait. Le développement rapide de la théorie des fonctions de variable complexe et de ses méthodes a en quelque sorte, la spécificité du domaine réel n'étant pas clairement perçue, isolé théoriquement ce théorème dans la théorie des équations différentielles de Cauchy.

Celui-ci a cependant été tant bien que mal transmis. Dans un mémoire de 1837 [35], G. Coriolis rappelle la méthode de Cauchy, avant d'exposer d'autres méthodes de calcul numérique approché, en soulignant qu'elle a l'avantage de montrer l'existence d'une fonction satisfaisant à l'équation différentielle. Mais son exposé est bref (trois pages) et se situe dans le cas où est vérifiée l'hypothèse supplémentaire : $\frac{\partial f}{\partial x}(x, y)$ continue dans le rectangle de sécurité [voir Cauchy, 9ᵉ leçon].

La diffusion du contenu du cours de Cauchy sur les équations différentielles a reposé essentiellement sur le traité de Moigno (tome II, 1844). Mais la marginalisation de l'étude des équations différentielles dans le domaine réel était telle à l'époque dans la recherche et l'enseignement, que le premier théorème d'existence

(33) *O.C.*, s. 1, t. XII, p. 333.
(34) Cela ne signifie pas que la théorie des équations différentielles soit considérée seulement comme un lieu d'application de résultats acquis dans les autres branches. Elle joue un rôle actif dans le développement de la théorie des fonctions dans son ensemble.
(35) *J. Math. pures appl.*, (1), 2, 1837, p. 229.
Notons que G. Coriolis a été répétiteur d'analyse à l'École polytechnique, attaché à la chaire de Cauchy.

de Cauchy semble n'avoir pas été connu de celui qui allait l'améliorer : le mathématicien allemand R. Lipschitz (36).

Dans son article *Sur la possibilité d'intégrer complètement un système donné d'équations différentielles*, paru en français en 1876 (37), il ajoute en effet, après avoir souligné que jusqu'à présent on avait surtout étudié les équations différentielles dans le cas des fonctions imaginaires : « *Si au contraire, les expressions qui entrent dans le système d'équations différentielles ne sont données que dans le cas où les éléments de ces expressions sont réels et ne souffrent point une extension immédiate au cas où ces éléments sont imaginaires, on n'est plus autorisé à admettre que les fonctions inconnues soient développables en séries, procédant suivant les puissances entières et positives d'expressions linéaires de la variable indépendante. Il faut se placer sur un autre terrain pour établir les conditions de possibilité d'une intégration complète. Aucun travail ayant précisément ce but n'est parvenu à ma connaissance : c'est l'objectif des recherches qui suivent.* » (38). Lipschitz opère donc une nette distinction entre le domaine complexe et le domaine réel. Il établit un théorème d'existence et d'unicité locales de la solution d'un système d'équation différentielles sous des hypothèses un peu plus générales que celles de Cauchy : les seconds membres $f_i(x, y_1, ..., y_n)$ sont, dans un domaine, des fonctions continues et qui satisfont à ce que l'on appelle depuis une « condition de Lipschitz » par rapport aux variables $y_1, ..., y_n$ (39).

Le théorème de Lipschitz subit en partie le même sort que celui de Cauchy. Ainsi peut-on noter l'absence de toute référence à ce résultat dans la première édition du célèbre cours d'analyse de C. Jordan à l'École polytechnique (40), cours qui pourtant se voulait à jour des découvertes mathématiques les plus récentes.

C'est sans doute E. Picard qui a fait le plus pour clarifier les statuts respectifs des divers théorèmes d'existence locaux. Dès son cours d'analyse de 1886-87 à la Faculté des sciences de Paris (41), il signale, sans en exposer la démonstration, le théorème d'existence de Cauchy, amélioré par Lipschitz, comme « *le plus général que l'on connaisse sur ce sujet* ». Son *Traité d'analyse* (42) est cependant plus complet. Le tome 2 de la première édition, qui paraît en 1893 et contient les leçons professées

(36) Il faut signaler que les leçons de Moigno de calcul intégral avaient pourtant été traduites en allemand en 1846.

(37) *Bull. Sc. Math.*, (1), 10, 1876, p. 149. L'article avait déjà paru, en italien, dans *Annali di Matematica pura ed applicata*, (2), 2, 1868-69, p. 288.

(38) Une note, probablement de G. Darboux, signale ici : « *L'auteur ne connaît pas évidemment les travaux de Cauchy, qui ont été résumés d'une manière incomplète par M. l'abbé Moigno, dans son* Traité de calcul intégral, *et ceux de Coriolis, dans le* Journal de Liouville. » Sans doute du fait de cette remarque, Lipschitz donnera ces références dans son *Lehrbuch der Analysis* (vol. 2, 1880, p. 499) où il exposera à nouveau sa méthode.

(39) Avec ces hypothèses, le théorème d'existence est souvent appelé « théorème de Cauchy-Lipschitz ». Certains auteurs utilisent la dénomination théorème « de Cauchy-Euler » voulant faire ainsi référence à la présence chez Euler de l'algorithme d'approximation utilisé par Cauchy (voir *supra* note (17) p. XXV). Cependant, il faut souligner la différence des problématiques de Cauchy et d'Euler. En utilisant cette méthode, le but d'Euler est de trouver des valeurs approchées d'une intégrale dont l'existence n'est pas mise en doute. Elle lui apparaît d'ailleurs comme une méthode d'approximation très imparfaite et il consacre l'essentiel de son chapitre sur l'intégration d'une équation différentielle par approximation à des méthodes basées sur l'emploi des séries.

(40) Tome 3, *Équations différentielles*, Paris, 1887.

(41) *Cours de calcul différentiel et de calcul intégral*, 39e leçon.

(42) 1re édition, 3 tomes, Paris, 1891-1896.

à la Sorbonne les deux années précédentes, comprend un chapitre consacré aux « Théorèmes généraux sur les équations différentielles ». Picard y expose trois démonstrations d'existence : la première démonstration de Cauchy améliorée par Lipschitz, celle basée sur l'utilisation du calcul des limites, celle utilisant une méthode d'approximations successives. Pour lui, il s'agit clairement de démonstrations correspondant à des théorèmes distincts; il en précise les hypothèses respectives et les domaines d'existence des solutions locales (43). Est ainsi en place le cadre théorique rigoureux (44) qui servira de base notamment à l'exposé de Painlevé dans l'*Encyclopédie des sciences mathématiques*, évoqué au début de cette introduction.

Une telle clarification est sans doute liée à une prise de conscience des limites de l'utilisation des fonctions de variable complexe en théorie des équations différentielles et de la spécificité de leur étude dans le domaine réel (grâce notamment aux travaux d'Henri Poincaré (45)), prise de conscience qui rompt l'isolement du premier théorème d'existence dans la théorie.

---

(43) Picard montre de plus que, avec des hypothèses d'analyticité des seconds membres des équations, la méthode de Cauchy-Lipschitz et celle des approximations successives peuvent s'appliquer au domaine complexe, et fournissent des domaines de convergence plus grands que celui donné par le calcul des limites.

(44) La 2e édition (tome 2, 1905) présente, dans ce cadre, certains approfondissements.

(45) Picard indique dans son introduction de 1896 au tome 3 de son *Traité d'analyse* : « *Le brillant développement de la théorie des fonctions d'une variable complexe avait fait un peu trop laisser de côté l'examen du cas où tous les éléments figurant dans les équations différentielles sont réels. Sous l'influence des travaux de M. Poincaré sur les courbes définies par des équations différentielles ces questions depuis quelques années ont été reprises.* » Il fait ici allusion à un mémoire de Poincaré (1880-1886, *Œuvres complètes*, tome I) où celui-ci a créé la théorie qualitative globale des équations différentielles générales dans le domaine réel.

LA MÉTHODE DES APPROXIMATIONS SUCCESSIVES

L'évocation des trois théorèmes exposés par Picard renvoie à un problème classique lié aux leçons de l'École polytechnique : Cauchy y a-t-il exposé une autre démonstration d'existence correspondant à la méthode dite des approximations successives?

Painlevé, dans son article de l'*Encyclopédie des sciences mathématiques*, indique que cette autre méthode « *a été depuis longtemps employée par les astronomes. J. Liouville* (1) *en a démontré la convergence dans un cas particulier, mais A.L. Cauchy semble avoir donné auparavant dans son enseignement une démonstration générale de cette convergence. Cette démonstration est exposée par F.N.M. Moigno* (2) *qui, pour plus de simplicité, l'applique à l'équation linéaire du second ordre* $\frac{d^2y}{dx^2} = X(x)y$.» (3) A la suite de Painlevé et sur la base de la démonstration de Moigno, beaucoup d'auteurs ont énoncé l'idée de la présence chez Cauchy de la méthode des approximations successives pour démontrer l'existence de la solution, méthode, dit Painlevé, « *retrouvée dans toute sa généralité par Picard* ». Cependant, les déclarations de Cauchy paraissent très nettes en ce qui concerne le nombre de méthodes de démonstration d'existence qu'il a données. Dans un mémoire présenté à l'Académie le 27 juin 1842 (4), il indique : « *A la vérité, l'existence des intégrales générales des équations différentielles, qui renferment une seule variable indépendante, se trouve maintenant établie par deux méthodes diverses que j'ai données, la première dans mes leçons à l'École polytechnique, la seconde dans un mémoire lithographié de*

(1) *Journal math. pures appl.*, (1), 2, 1837, p. 19.
(2) *Op. cit.*, t. 2, 39e leçon, p. 702.
(3) *Op. cit.*, p. 13.
(4) *O.C.*, s. 1, t. VI, p. 461.

1835. » Il ne signale donc pas la présence dans son cours d'une autre méthode que celle que l'on connaît [5].

Qu'en est-il alors de la méthode qui se trouve chez Moigno? L'équation différentielle considérée est transformée en une relation intégrale équivalente à laquelle est effectivement appliqué un procédé itératif [6]. Mais il ne nous semble pas possible de parler à cet égard de méthode de démonstration d'existence de la solution au même titre que les deux méthodes de Cauchy précédemment considérées. En effet Moigno ne se pose pas le problème de l'existence de la solution comme le faisait explicitement Cauchy, mais celui du calcul de son expression sous la forme d'une série, série obtenue par substitutions successives grâce à la linéarité des équations considérées. Ainsi, si la convergence de cette série est bien démontrée, le fait que sa somme satisfait à l'équation n'est pas vérifié.

Cette méthode est d'ailleurs présentée par Moigno comme la troisième forme de l'intégration par série, après celle basée sur le développement de Taylor et celle dite des coefficients indéterminés. Intégration par série qu'il présente ainsi dans son introduction : « *Lorsqu'aucune des méthodes par lesquelles nous avons appris jusqu'ici à intégrer les équations différentielles ne réussit, on est forcé de recourir à l'intégration par série. J'expose sous toutes les formes qu'on lui a données cette nouvelle méthode, qui ne doit être employée qu'avec beaucoup de réserve.* » [7] Cela est à comparer avec la manière dont il souligne dans cette même introduction le caractère rigoureux des deux méthodes de Cauchy pour montrer l'existence des intégrales. Il nous semble donc que la méthode des substitutions successives utilisée par Moigno se situe encore dans le cadre des méthodes d'approximation de fonctions dont l'existence est admise; elle n'a pas le statut d'une méthode de démonstration d'existence. La situation est bien différente chez Picard qui utilise explicitement un procédé itératif pour montrer *l'existence* de la solution d'une équation différentielle ordinaire *générale*.

Si l'on admet ce statut de la méthode des approximations successives, différent de celui d'une méthode générale d'existence, chez Moigno, la présence dans le cours de Cauchy d'un exposé voisin du sien n'est pas à exclure [8]. Cela d'autant plus que l'on trouve l'utilisation d'une telle méthode itérative dans le mémoire de Prague de 1835. On a vu que Cauchy y ramenait la recherche des intégrales générales des équations différentielles simultanées à celle d'intégrales particulières d'une équation aux dérivées partielles linéaire, sans second membre et du premier ordre (qu'il appelle équation caractéristique). Il obtient ces intégrales particulières sous forme de séries en transformant l'équation caractéristique en une équation

(5) On n'en trouve pas trace dans le fragment du cours ici publié. Mais la question peut se poser de sa présence éventuelle dans la partie non retrouvée.

(6) Moigno transforme l'équation $\frac{d^2z}{dx^2} = \mathrm{X}z$ en la relation $z = z_0 + z'_0(x - x_0) + \int_{x_0}^{x} dx \int_{x_0}^{x} \mathrm{X}z dx$, puis il substitue cette valeur de z sous le signe intégral, etc. Il obtient ainsi une expression de z sous la forme d'une série dont les termes s'obtiennent par des intégrations successives.

(7) *Op. cit.*, t. 2, p. XL.

(8) L'intégration par séries des équations différentielles, qui est le cadre où s'insère l'exposé de Moigno, devait figurer, d'après le programme officiel du cours d'analyse (voir Annexe), dans la partie manquante des leçons de Cauchy de seconde année.

intégrale équivalente, à laquelle il applique une méthode de substitutions successives semblable à celle que l'on trouve chez Moigno. Avec une différence : Cauchy utilise sa méthode itérative dans le cadre d'une démonstration d'existence et il a le souci de montrer (9) que lorsque la série est convergente, sa somme vérifie bien l'équation intégrale. Elle reste cependant une méthode liée à la linéarité de l'équation caractéristique associée (10). C'est dans cette mesure qu'elle sert, en 1835, d'auxiliaire pour démontrer le second théorème d'existence, mais elle ne constitue pas encore une méthode autonome de démonstration d'existence pour les équations différentielles générales.

(9) La démonstration repose sur l'intégration terme à terme de la série, considérée par Cauchy comme toujours possible, (voir *supra* note (6) p. XLII).
(10) Cauchy, en faisant d'ailleurs référence aux méthodes de Laplace dans la *Mécanique céleste*, insiste lui-même sur le rôle joué par la linéarité de l'équation caractéristique, dans le post-scriptum de 1840 au mémoire de Prague (*O.C.*, s. 2, t. XI, p. 464); voir aussi dans ses notes à l'Académie des 29 juin et 3 août 1840 (*O.C.*, s. 1, t. V, p. 236 et p. 240).

CONCLUSIONS

A l'aide des leçons que nous publions ici, et sans prétendre avoir été exhaustif, nous avons essayé de comprendre et d'analyser le statut des méthodes d'existence chez Cauchy et de préciser son apport à la théorie des équations différentielles ordinaires. Le théorème d'existence qui figure dans son cours, permet de déterminer un champ à la fois vaste et délimité d'équations ayant une solution et fonde ainsi la théorie générale des équations différentielles. Si la méthode des équations aux différences finies qu'il emploie d'abord n'est pas nouvelle, elle prend un sens différent dans le cadre de la problématique de Cauchy. De méthode d'approximation de valeurs d'une fonction dont l'existence n'était pas discutée, elle devient une méthode de démonstration d'existence.

Dans son cours de l'École polytechnique, Cauchy fonde plus précisément la théorie générale des équations différentielles dans le domaine *réel*, avec une étude locale mais aussi un début d'étude globale des solutions du « problème de Cauchy ». On a vu que, plus tard, il avait également fondé la théorie générale des équations différentielles dans le domaine *complexe* grâce à un deuxième théorème d'existence locale. Mais la présence de ces deux théorèmes ne doit pas conduire à confondre la configuration des résultats d'existence chez Cauchy avec ce qu'elle sera vers la fin du XIXᵉ siècle et *a fortiori* avec ce qu'elle est de nos jours. On a constaté qu'il s'agissait plutôt pour lui de deux méthodes pour atteindre un même résultat d'existence, et que, bien que cela puisse paraître paradoxal d'un point de vue actuel, la méthode dite de Cauchy-Lipschitz, créée la première et ayant plusieurs avantages, devait être marginalisée au profit de la seconde méthode basée sur l'utilisation des fonctions analytiques de variable complexe et de leurs développements en série. L'essor de l'étude des équations différentielles dans le domaine complexe a occulté pour un temps la spécificité de leur étude dans le domaine réel.

Si donc l'émergence du problème de l'existence et la mise en œuvre pour le résoudre de méthodes adaptées distinguent la théorie des équations différentielles chez Cauchy de ce qu'elle était avant lui, on constate en revanche qu'il n'y a pas encore chez lui de conception cohérente des résultats d'existence, conception que l'on trouvera plus tard dans l'exposé systématique de Picard, avec une distinction nette des hypothèses des différents théorèmes locaux et des cadres théoriques auxquels ils peuvent se rattacher.

Christian GILAIN

maître-assistant de mathématiques et chargé d'un cours d'histoire des mathématiques à l'Université de Paris VI

Augustin-Louis CAUCHY

COURS INÉDIT DE L'ÉCOLE POLYTECHNIQUE

Fragment

Reproduction d'après l'exemplaire original
conservé à la Bibliothèque de l'Institut de France

RÉSUMÉ DES LEÇONS

DONNÉES A L'ÉCOLE ROYALE POLYTECHNIQUE

PAR M. AUGUSTIN-LOUIS CAUCHY.

SUITE DU CALCUL INFINITÉSIMAL.

PREMIÈRE LEÇON.

Intégration des Équations différentielles du premier ordre.

On nomme *équations différentielles*, celles qui établissent des relations entre une variable indépendante x, des fonctions $y, z \ldots$ de cette variable, et les différentielles de ces fonctions ou leurs dérivées des divers ordres. L'ordre de la plus haute dérivée qui se trouve comprise dans une équation différentielle, sert à fixer ce qu'on appelle l'*ordre* de cette même équation. Cela posé, une équation différentielle du premier ordre entre la variable x et les fonctions $y, z \ldots$ renfermera seulement avec $x, y, z \ldots$ les dérivées du premier ordre $y', z' \ldots$ Si les fonctions $y, z \ldots$ se réduisent à une seule y, l'équation différentielle du premier ordre ne contiendra plus que les trois quantités

$$x, \quad y \quad \text{et} \quad y' = \frac{dy}{dx}.$$

Intégrer des équations différentielles, c'est trouver les fonctions qu'elles déterminent, ou du moins des équations nouvelles qui ne renferment que la variable et les fonctions dont il s'agit. Ces équations nouvelles se nomment *intégrales* ou *équations primitives*. L'intégrale d'une équation différentielle entre x, y et $\frac{dy}{dx}$, ne peut contenir que les deux quantités variables x et y.

Lorsqu'une équation différentielle du premier ordre est résolue par rapport à la fonction dérivée $y' = \frac{dy}{dx}$, elle fournit pour cette dérivée une ou plusieurs valeurs de la forme

$$\frac{dy}{dx} = f(x, y). \tag{1}$$

Si l'on suppose d'ailleurs $f(x, y) = -\frac{P}{Q}$, [P, Q désignant des fonctions nouvelles de x et de y], l'équation (1), multipliée par Q, deviendra $Q\frac{dy}{dx} = -P$, ou

$$P\,dx + Q\,dy = 0. \tag{2}$$

Nous allons maintenant faire connaître les principales méthodes à l'aide desquelles on parvient, dans certains cas, à intégrer l'équation (2).

Intégration immédiate. Lorsque les fonctions P et Q vérifient la condition

$$\frac{dP}{dy} = \frac{dQ}{dx}, \tag{3}$$

le premier membre de l'équation (2) est la différentielle exacte d'une fonction u des deux variables x et y. Alors cette équation peut être présentée sous la forme

$$du = 0; \tag{4}$$

et, pour y satisfaire, il faut évidemment supposer

$$u = \mathcal{C}, \tag{5}$$

$\mathcal{C}$ désignant une constante arbitraire.

Exemples. $x\,dy + y\,dx$ étant la différentielle exacte du produit xy, il en résulte que l'équation

(6) $$x\,dy + y\,dx = 0$$

a pour intégrale

(7) $$xy = C \quad \text{ou} \quad y = \frac{C}{x}.$$

$dy - f(x)\,dx$ étant la différentielle exacte de l'expression $y - \int_{x_0}^{x} f(x)\,dx$ dans laquelle x_0 désigne une valeur particulière de x, il en résulte que l'équation

(8) $$dy - f(x)\,dx = 0 \quad \text{ou} \quad dy = f(x)\,dx$$

a pour intégrale

(9) $$y - \int_{x_0}^{x} f(x)\,dx = C \quad \text{ou} \quad y = \int_{x_0}^{x} f(x)\,dx + C = \int f(x)\,dx.$$

$\varphi(x)\,dx + \chi(y)\,dy$ étant la différentielle exacte de l'expression $\int_{x_0}^{x} \varphi(x)\,dx + \int_{y_0}^{y} \chi(y)\,dy$, dans laquelle x_0, y_0 désignent des valeurs particulières de x et y, il en résulte que l'équation

(10) $$\varphi(x)\,dx + \chi(y)\,dy = 0$$

a pour intégrale

(11) $$\int_{x_0}^{x} \varphi(x)\,dx + \int_{y_0}^{y} \chi(y)\,dy = C.$$

L'équation (8) a été déjà traitée dans le premier volume [page 103]. L'équation (10) est celle dans laquelle on dit que les variables sont *séparées*.

Intégration par le moyen d'un facteur. Lorsque, pour convertir le premier membre de l'équation (2) en une différentielle exacte, il suffit de le multiplier par un facteur connu v, ou, en d'autres termes, lorsqu'on a identiquement

(12) $$v(P\,dx + Q\,dy) = du,$$

l'équation (2) peut être présentée sous la forme

(13) $$\frac{1}{v}\,du = 0;$$

et l'on y satisfait, soit en prenant

(14) $du = 0$, (15) $u = \mathcal{C}$,

soit en prenant

(16) $$\frac{1}{v} = 0.$$

La formule (15), qui renferme une constante arbitraire $\mathcal{C}$, est l'intégrale *générale* de l'équation (2). A chaque valeur particulière de la constante $\mathcal{C}$ correspond une intégrale *particulière*. Telles sont, par exemple, les intégrales $u = 0$, $u = 1$, &c... Enfin les valeurs de y en x, qui vérifient l'équation (16), sans pouvoir se déduire de l'équation (15), prennent le nom d'intégrales *singulières*.

Exemples. Comme il suffit de multiplier par $\frac{1}{xy}$ l'expression $xdy - ydx$, pour la transformer en une différentielle exacte, dans laquelle les variables soient séparées, il en résulte qu'à l'équation

(17) $$xdy - ydx = 0 \quad \text{ou} \quad xy\left\{\frac{dy}{y} - \frac{dx}{x}\right\} = 0,$$

on peut substituer les deux suivantes :

(18) $$\frac{dy}{y} - \frac{dx}{x} = 0,$$ (19) $$xy = 0.$$

On satisfait à l'équation (18) en posant

(20) $$l(y) - l(x) = const. \quad \text{ou} \quad y = \mathcal{C}x;$$

et à l'équation (19), en posant $y = 0$. Cette dernière valeur de y, se déduisant de l'équation (20), lorsqu'on y réduit à zéro la constante arbitraire $\mathcal{C}$, n'est qu'une intégrale particulière.

Si, au lieu de l'équation (18), on considère la suivante,

(21) $$x^{\frac{1}{2}}dy - y^{\frac{1}{2}}dx = 0,$$

le facteur propre à rendre cette équation intégrable, en séparant les variables, sera $\frac{1}{x^{\frac{1}{2}}y^{\frac{1}{2}}}$; en sorte que les équations (14) et (16) deviendront respectivement

$$(22)\qquad \frac{dy}{y^{\frac{1}{2}}} - \frac{dx}{x^{\frac{1}{2}}} = 0, \qquad\qquad (23)\qquad x^{\frac{1}{2}} y^{\frac{1}{2}} = 0.$$

Or, on satisfera à la formule (22) en posant

$$(24)\qquad 2\left(y^{\frac{1}{2}} - x^{\frac{1}{2}}\right) = const. \quad \text{ou} \quad y = \left(x^{\frac{1}{2}} + \mathcal{C}\right)^2,$$

et à la formule (23), en posant

$$(25)\qquad y = 0.$$

Cette dernière valeur de y, ne pouvant se déduire comme cas particulier de l'équation (24), est une intégrale singulière.

Considérons encore l'équation différentielle

$$(26)\qquad dy - y\,l(y)\,dx = 0.$$

Le facteur propre à rendre cette équation intégrable, en opérant la séparation des variables, sera $\frac{1}{y\,l(y)}$. En conséquence, l'équation (29) se décomposera en deux autres, savoir :

$$(27)\qquad \frac{dy}{y\,l(y)} - dx = 0, \qquad\qquad (28)\qquad y\,l(y) = 0.$$

La première de celles-ci fournit l'intégrale générale

$$l(ly) = x + \textit{constante},$$

qu'on peut aussi présenter sous la forme

$$(29)\qquad l(y) = \mathcal{C}e^x.$$

Quant à l'équation (28), on en tire

$$(30)\qquad y = 0, \quad \text{et} \quad y = 1.$$

Comme, pour déduire ces dernières valeurs de y de l'équation (29), il suffit de poser successivement $\mathcal{C} = -\infty$ et $\mathcal{C} = 0$, il est clair qu'elles sont des intégrales particulières de l'équation (26).

Considérons enfin l'équation différentielle

(31) $$\varphi_1(x)\chi_2(y)dx + \varphi_2(x)\chi_1(y)dy = 0.$$

Le facteur propre à rendre cette équation intégrable, en opérant la séparation des variables, sera

$$\frac{1}{\varphi_2(x)\cdot\chi_2(y)}.$$

En conséquence, les formules (14) et (16) deviendront

(32) $$\frac{\varphi_1(x)}{\varphi_2(x)}dx + \frac{\chi_1(y)}{\chi_2(y)}dy = 0,$$ (33) $$\varphi_2(x)\cdot\chi_2(y) = 0.$$

La première de celles-ci fournira l'intégrale générale

(34) $$\int_{x_0}^{x}\frac{\varphi_1(x)}{\varphi_2(x)}dx + \int_{y_0}^{y}\frac{\chi_1(y)}{\chi_2(y)}dy = \mathcal{C},$$

x_0, y_0 désignant des valeurs particulières des variables x et y. Quant à la formule (33), on la vérifiera, en attribuant à y l'une des valeurs suivantes

(35) $$y = y_1, \quad y = y_2, \quad y = y_3, \quad \&c....$$

[y_1, y_2, y_3, &c. désignant les diverses racines de l'équation $\chi_2(y) = 0$]. Parmi ces valeurs de y, celles qui ne pourront se déduire de l'équation (34) seront des intégrales singulières.

Intégration par substitution. Cette méthode d'intégration consiste à remplacer la variable y par une nouvelle variable z, tellement choisie, que l'on obtienne entre x et z une équation différentielle qui puisse facilement s'intégrer par une autre méthode.

Exemple. Pour rendre intégrable l'équation différentielle

(36) $$dy + f\left(\frac{y}{x}\right)dx = 0,$$

il suffira de poser

(37) $$\frac{y}{x} = z \quad \text{ou} \quad y = xz.$$

En effet, comme on aura, dans cette hypothèse, $dy = xdz + zdx$, la substitution de z à x réduira l'équation (36) à

$$(38) \qquad xdz + \left[z + f(z)\right]dx = 0.$$

Or, cette dernière se décompose en deux autres, savoir,

$$(39) \quad \frac{dz}{zf(z)} + \frac{dx}{x} = 0, \qquad (40) \quad x\left[z + f(z)\right] = 0;$$

et par conséquent on la vérifie, soit en supposant

$$(41) \qquad \int_c^z \frac{dz}{z + f(z)} + l(x) = \mathcal{C},$$

[c représentant une valeur particulière de la variable z], soit en attribuant à z l'une des valeurs

$$(42) \qquad z = z_1, \quad z = z_2, \quad z = z_3; \quad \&c....$$

[z_1, z_2, z_3, &c. désignant les diverses racines de l'équation $z + f(z) = 0$]. Si l'on remet y au lieu de z dans les formules (41) et (42), elles deviendront respectivement

$$(43) \qquad \int_{cx}^{y} \frac{dy}{y + xf\left(\frac{y}{x}\right)} + l(x) = \mathcal{C},$$

et

$$(44) \qquad y = z_1 x, \quad y = z_2 x, \quad y = z_3 x, \quad \&c....$$

L'équation (43), dans laquelle on peut supposer, pour plus de commodité, $c = 0$, est l'intégrale générale de l'équation (36). Quant aux valeurs de y données par les formules (44), elles seront ou des intégrales particulières, ou des intégrales singulières.

SECONDE LEÇON.

Intégrales de l'Équation linéaire et de l'Équation homogène du premier ordre.

L'ÉQUATION différentielle linéaire du premier ordre, entre la variable indépendante x et l'inconnue y, est celle qui a pour premier membre une fonction linéaire des deux quantités variables y et $y' = \frac{dy}{dx}$. La forme la plus générale de cette équation est la suivante,

$$(1) \qquad y'\varphi(x) + y\chi(x) + \psi(x) = 0,$$

ou

$$(2) \qquad \varphi(x).dy + [y\chi(x) + \psi(x)]dx = 0.$$

Pour la déduire de l'équation

$$(3) \qquad Pdx + Qdy = 0$$

traitée dans la dernière leçon, il suffit de prendre $Q = \varphi(x)$, $P = y\chi(x) + \psi(x)$. De plus, si, après avoir fait passer le terme $\psi(x)dx$ dans le second membre de l'équation (2), et divisé les deux membres par $\varphi(x)$, on pose, pour abréger,

$$\frac{\chi(x)}{\varphi(x)} = F(x), \quad \frac{\psi(x)}{\varphi(x)} = -f(x),$$

cette équation deviendra

$$(4) \qquad dy + yF(x)dx = f(x)dx.$$

Pour intégrer cette dernière, considérons d'abord le cas où la fonction $f(x)$ s'évanouit. Dans ce cas, l'équation (4), réduite à

$$(5) \qquad dy + yF(x)dx = 0,$$

se décomposera en deux autres, savoir:

(6) $\frac{dy}{y} + F(x)\,dx = 0;$ (7) $y = 0.$

Par conséquent, elle aura pour intégrale générale l'équation finie

$$l(y) + \int_{x_0}^{x} F(x)\,dx = constante,$$

ou

(8) $$y = \mathcal{C}\,e^{-\int_{x_0}^{x} F(x)\,dx},$$

de laquelle on déduit la formule (7), en prenant $\mathcal{C} = 0$. Si, au lieu de $\mathcal{C} = 0$, on prenait $\mathcal{C} = 1$, on obtiendrait l'intégrale particulière

(9) $$y = e^{-\int_{x_0}^{x} F(x)\,dx}.$$

Ajoutons que, si l'on désigne par y_1 cette intégrale particulière de l'équation (5), l'intégrale générale se présentera sous la forme

(10) $$y = \mathcal{C}\,y_1.$$

Revenons maintenant à l'équation (4). Si la fonction $f(x)$ cesse d'être nulle, on ne pourra plus satisfaire à cette équation en prenant $y = \mathcal{C}y_1$. Mais rien n'empêchera de supposer

(11) $$y = z y_1 = z\,e^{-\int_{x_0}^{x} F(x)\,dx},$$

z étant une nouvelle inconnue. Or, si l'on substitue la valeur précédente de y dans le premier membre de l'équation (4), le coefficient de z, savoir,

$$dy_1 + y_1 F(x)\,dx,$$

sera identiquement nul, puisque y_1 désigne une intégrale particulière de l'équation (5); et l'on trouvera simplement

$$y_1\,dz = f(x)\,dx.$$

On en conclura

$$dz = \frac{f(x)}{y_1}dx. \qquad z = \mathcal{C} + \int_{x_0}^{x} \frac{f(x)}{y_1}dx,$$

et par suite

$$(12) \qquad y = y_1\left[\mathcal{C} + \int_{x_0}^{x} \frac{f(x)}{y_1}dx\right],$$

ou, ce qui revient au même,

$$(13) \qquad y = e^{-\int_{x_0}^{x} F(x)\,dx}\left[\mathcal{C} + \int_{x_0}^{x} e^{\int_{x_0}^{x} F(x)\,dx} f(x)\,dx\right].$$

Telle est l'intégrale générale de l'équation (4). On peut y remplacer les intégrales définies par des intégrales indéfinies, et se dispenser par ce moyen d'écrire la constante arbitraire. On trouve alors

$$(14) \qquad y = e^{-\int F(x)dx}\int e^{\int F(x)dx} f(x)\,dx.$$

Exemples. Les équations différentielles

$$(15) \qquad dy - y\,dx = e^x\,dx, \qquad (16) \qquad dy + y\,dx = e^x\,dx,$$

ont respectivement pour intégrales générales

$$(17) \qquad y = (x + \mathcal{C})\,e^x, \qquad (18) \qquad y = \tfrac{1}{2}e^x + \mathcal{C}e^{-x}.$$

L'équation différentielle homogène du premier ordre est celle dans laquelle se change l'équation (3), lorsque les fonctions des variables x et y, représentées par P et Q, sont homogènes et du même degré; en sorte qu'on ait

$$P = x^k\,\varphi\left(\frac{y}{x}\right), \qquad Q = x^k\,\chi\left(\frac{y}{x}\right).$$

Dans cette hypothèse, l'équation (3) devient

$$(19) \qquad x^k\,\varphi\left(\frac{y}{x}\right)dx + x^k\,\chi\left(\frac{y}{x}\right)dy = 0,$$

et il suffit de la diviser par le produit $x^k \chi\left(\frac{y}{x}\right)$ pour la ramener à la formule

$$dy + f\left(\frac{y}{x}\right) dx = 0,$$

que nous avons déjà intégrée à l'aide de la substitution $y = xz$. On peut, au reste, appliquer directement cette substitution à l'équation (19), qui se décompose alors en deux autres, savoir :

(20) $\frac{dx}{x} + \frac{\chi(z)\,dz}{\varphi(z) + z\chi(z)} = 0$, (21) $x^{k+1}[\varphi(z) + z\chi(z)] = 0$.

De ces deux dernières, l'une s'intègre immédiatement, et fournit l'intégrale générale

(22) $$l(x) + \int_c^z \frac{\chi(z)\,dz}{\varphi(z) + z\chi(z)} = \mathcal{C},$$

ou

(23) $$l(x) + \int_{cx}^y \frac{Q\,dy}{Px + Qy} = \mathcal{C},$$

c désignant une valeur particulière de z, que l'on peut, pour plus de simplicité, réduire à zéro. Quant à l'équation (21), on en déduit des intégrales particulières ou des intégrales singulières de la forme

(24) $$z = a \quad \text{ou} \quad y = ax,$$

a étant une racine de l'équation

(25) $$\varphi(z) + z\chi(z) = 0.$$

Exemple. Supposons que P et Q se réduisent à des fonctions homogènes du premier degré, en sorte qu'on ait

$$P = Ax + By, \quad Q = Cx + Dy.$$

L'équation (3) se présentera sous la forme

(26) $$(Ax + By)\,dx + (Cx + Dy)\,dy = 0.$$

Si l'on y fait $y=xz$, elle deviendra

$$(27)\qquad x\{[A+(B+C)z+Dz^2]dx+x(C+Dz)dz\}=0,$$

et se partagera en deux autres, savoir :

$$(28)\quad \frac{dx}{x}+\frac{(C+Dz)\,dz}{A+(B+C)z+Dz^2}=0,\qquad (29)\quad x^2[A+(B+C)z+Dz^2]=0.$$

Soient maintenant

$$(30)\quad \begin{cases} a=\frac{1}{2D}\left[-B-C+\sqrt{(B+C)^2-4AD}\right], \\ b=\frac{1}{2D}\left[-B-C-\sqrt{(B+C)^2-4AD}\right], \end{cases}$$

les deux racines de l'équation

$$(31)\qquad A+(B+C)z+Dz^2=0;$$

et concevons que, la fraction $\frac{C+Dz}{A+(B+C)z+Dz^2}$ étant décomposée en fractions simples, on trouve

$$(32)\qquad \frac{C+Dz}{A+(B+C)z+Dz^2}=\frac{\mu}{z-a}+\frac{\nu}{z-b}.$$

Les quantités μ et ν seront déterminées par les formules

$$(33)\qquad \mu+\nu=1,\quad \mu b+\nu a=-\frac{C}{D},$$

dont la seconde peut être remplacée par l'une des suivantes,

$$(34)\quad \mu-\nu=\frac{C-B}{\sqrt{(B+C)^2-4AD}},\quad \mu\nu=\frac{BC-AD}{(B+C)^2-4AD};$$

et l'équation (28) sera réduite à

$$(35)\qquad \frac{dx}{x}+\mu\frac{dz}{z-a}+\nu\frac{dz}{z-b}=0.$$

Celle-ci a pour intégrale générale

$$(36)\quad l(x)+\mu l(z-a)+\nu l(z-b)=const.\quad \text{ou}\quad x(z-a)^{\mu}(z-b)^{\nu}=C.$$

En remettant pour z sa valeur $\frac{y}{x}$, puis ayant égard à la première des équations (33), on obtiendra l'intégrale générale de l'équation (28) sous la forme très-simple

$$(37)\qquad (y-ax)^{\mu}(y-bx)^{\nu}=\mathcal{C}.$$

De plus, on tirera de la formule (29) $z=a$, $z=b$, ou, ce qui revient au même,

$$(38)\qquad y=ax,\quad y=bx.$$

Ces deux valeurs de y seront évidemment des intégrales particulières, à moins que l'une des constantes μ, ν, ne s'évanouisse. Dans ce dernier cas, la seconde des formules (34) donnerait $BC-AD=0$, et l'on en conclurait

$$(39)\qquad \frac{A}{C}=\frac{B}{D}=\lambda,$$

λ désignant une nouvelle constante. Par suite, l'équation (26) deviendrait

$$(40)\qquad (Cx+Dy)(dy+\lambda dx)=0,$$

et se décomposerait en deux autres, savoir :

$$(41)\qquad dy+\lambda dx=0,\qquad (42)\qquad Cx+Dy=0.$$

On trouverait alors pour l'intégrale générale

$$(43)\qquad y+\lambda x=\mathcal{C};$$

et la valeur

$$(44)\qquad y=-\frac{C}{D}x$$

serait une intégrale singulière, à moins que l'on n'eût identiquement $\lambda=-\frac{C}{D}$.

En terminant cette leçon, nous ferons remarquer que si, dans l'équation (3), on prend pour P et Q deux fonctions linéaires quelconques des variables x, y, telles que $Ax+By+E$ et $Cx+Dy+F$, on obtiendra l'équation différentielle

$$(45) \qquad (Ax+By+E)\,dx+(Cx+Dy+F)\,dy=0,$$

qui peut être ramenée par une double substitution à la forme sous laquelle se présente l'équation (26). En effet, si l'on pose

$$x=s+\alpha \quad \text{et} \quad y=t+\beta,$$

s, t désignant deux variables nouvelles, et α, β deux constantes déterminées par les équations

$$(46) \qquad A\alpha+B\beta+E=0, \quad C\alpha+D\beta+F=0,$$

la formule (44) deviendra

$$(47) \qquad (As+Bt)\,ds+(Cs+Dt)\,dt=0.$$

Or, il est toujours possible de satisfaire aux équations (46) par des valeurs finies des constantes α, β, à moins que les quantités A, B, C, D ne remplissent la condition exprimée par la formule (39). Dans ce cas particulier, l'équation (45) se réduirait à

$$(48) \qquad (Cx+Dy)(dx+\lambda\,dy)+E\,dx+F\,dy=0,$$

et il suffirait de prendre

$$Cx+Dy=z$$

pour obtenir la transformée

$$(49) \qquad (\overline{D-\lambda C}.z+DE-CF)\,dx+(\lambda z+F)\,dz=0,$$

dans laquelle on peut séparer les variables, en divisant le premier membre par le polynome $(D-\lambda C)z+DE-CF$.

TROISIÈME LEÇON.

Sur les Équations différentielles du premier ordre, que l'on intègre en substituant à la Fonction inconnue y la dérivée de cette même Fonction.

LORSQU'UNE équation différentielle du premier ordre est résolue par rapport à y, et se présente sous la forme

$$y = f(x, y'); \tag{1}$$

alors, pour substituer à la fonction inconnue y sa dérivée y', il suffit de différencier cette même équation. En opérant ainsi, et posant, pour abréger,

$$\frac{df(x,y')}{dx} = \varphi(x,y'), \quad \frac{df(x,y')}{dy'} = \chi(x,y'), \tag{2}$$

on trouvera

$$y'dx = \varphi(x,y')dx + \chi(x,y')dy',$$

ou

$$[\varphi(x,y') - y']dx + \chi(x,y')dy' = 0. \tag{3}$$

Cela posé, si, par une méthode quelconque, l'on parvient à découvrir l'intégrale générale et les intégrales singulières de l'équation (3), il ne restera plus qu'à éliminer y' entre ces intégrales et l'équation (1) pour obtenir l'intégrale générale de celle-ci et ses intégrales singulières.

Parmi les différentes formes que l'on peut attribuer à la fonction $f(x, y')$, il importe de distinguer celles qui rendent l'équation (3) linéaire ou homogène. Or, pour que l'équation (3) devienne linéaire relativement à l'inconnue y' et à sa différentielle dy', il sera d'abord nécessaire que le coefficient de dy', savoir, $\chi(x, y')$, se réduise à une fonction $F(x)$ de la seule variable x. En d'autres termes, il faudra que l'on ait

$$\frac{df(x, y')}{dy'} = F(x). \tag{4}$$

Si l'on intègre par rapport à y' les deux membres de cette dernière formule, en effectuant l'intégration à partir de $y' = 0$, et désignant par $f(x)$ la valeur de $f(x, y')$ correspondante à une valeur nulle de y', on trouvera

$$f(x, y') - f(x) = y' F(x),$$

et par suite

$$f(x, y') = f(x) + y' F(x). \tag{5}$$

Lorsqu'on adopte la valeur générale de $f(x, y')$ fournie par l'équation (5), on réduit effectivement la formule (3) à une équation différentielle linéaire. Mais on doit observer que dans cette hypothèse l'équation (1), se trouvant ramenée à la suivante

$$y = f(x) + y' F(x),$$

devient elle-même linéaire, et que par conséquent la substitution de la variable y' à la variable y est inutile.

Si l'on voulait que l'équation (3), au lieu d'être linéaire par rapport à y' et à dy', fût linéaire par rapport à x et à dx, il faudrait d'abord supposer $\varphi(x, y')$ réduite à une fonction $F(y')$ de la seule variable y'. On obtiendrait ainsi la formule

$$\frac{df(x, y')}{dx} = F(y'); \tag{6}$$

puis, en intégrant ses deux membres par rapport à x, à partir de $x = 0$, et désignant par $f(y')$ la valeur de $f(x, y')$ qui correspond à une valeur nulle de x, on trouverait

$$f(x,y') - f(y') = xF(y'),$$

(7) $$f(x,y') = f(y') + xF(y').$$

Lorsqu'on adopte la valeur générale de $f(x,y')$ donnée par la formule (7), l'équation (3) devient effectivement linéaire par rapport à x et à dx. Cette même équation, qui peut alors s'écrire comme il suit,

(8) $$[F(y')-y']dx + xF'(y')dy' + f'(y')dy' = 0,$$

a pour intégrale générale

(9) $$x = e^{-\int\frac{F'(y')dy'}{F(y')-y'}}\left\{\mathcal{C} - \int f'(y')e^{\int\frac{F'(y')dy'}{F(y')-y'}}dy'\right\},$$

les intégrations relatives à y' étant effectuées à partir de telle limite que l'on voudra. Dans la même hypothèse, l'équation (1) deviendra

(10) $$y = f(y') + xF(y');$$

et, pour obtenir son intégrale générale, il suffira d'éliminer y' entre les formules (9) et (10).

Dans le cas particulier où l'on prend $F(y') = y'$, les équations (10) et (8) se réduisent à

(11) $$y = xy' + F(y'),$$

(12) $$0 = [x + F'(y')]dy'.$$

Pour obtenir la seconde, c'est-à-dire, l'équation (12), il suffit toujours de différencier la première par rapport à x. De plus, il est clair que l'équation (12) se décompose en deux autres, savoir :

(13) $$dy' = 0,$$ (14) $$x + F'(y') = 0.$$

En intégrant l'équation (13), on en conclut

(15) $$y' = \mathcal{C};$$

puis, en portant cette valeur de y' dans la formule (11), on trouve pour l'intégrale générale de la même formule

$$y' = \mathcal{C}x + F(\mathcal{C}). \tag{16}$$

Quant aux valeurs de y' que fournira l'équation (14), elles représenteront des intégrales singulières de l'équation (12) ; et, si l'on élimine y' entre les formules (11) et (14), on obtiendra les intégrales singulières correspondantes de la formule (11).

Exemple. L'équation

$$y = xy' - y'^2$$

a pour intégrale générale

$$y = \mathcal{C}x - \mathcal{C}^2,$$

et pour intégrale singulière

$$y = \frac{x^2}{4}.$$

Revenons maintenant à l'équation (3). Pour qu'elle soit homogène, il est nécessaire et il suffit que les deux fonctions

$$\varphi(x, y') - y', \quad \chi(x, y')$$

soient homogènes et du même degré. Si l'on désigne ce degré par k, $\chi(x, y')$ devra être de la forme $x^k F\left(\frac{y'}{x}\right)$. En d'autres termes, on aura

$$\frac{df(x,y')}{dy'} = x^k F\left(\frac{y'}{x}\right). \tag{17}$$

Si l'on intègre par rapport à y' les deux membres de cette dernière équation, et si l'on désigne toujours par $f(x)$ la valeur de $f(x, y')$ correspondante à une valeur nulle de y', on trouvera

$$f(x, y') = f(x) + x^{k+1} \int_0^{y'} F\left(\frac{y'}{x}\right) \frac{dy'}{x}, \tag{18}$$

puis l'on en conclura, en différenciant par rapport à x,

$$\varphi(x,y') = f'(x) + x^k \int_0^{y'} \left\{ k\,F\left(\frac{y'}{x}\right) - \frac{y'}{x}\,F'\left(\frac{y'}{x}\right) \right\} \frac{dy'}{x},$$

et par suite

$$(19) \qquad \varphi(x,y') - y' = x^k \left\{ \frac{f'(x) - y'}{x^k} + \int_0^{y'} \left[k\,F\left(\frac{y'}{x}\right) - \frac{y'}{x}\,F'\left(\frac{y'}{x}\right) \right] \frac{dy'}{x} \right\}.$$

Cela posé, pour que la différence $\varphi(x, y') - y'$ soit encore une fonction homogène du degré k, il faudra que, dans le second membre de l'équation (19), le coefficient de x^k dépende seulement du rapport $\frac{y'}{x}$; et, puisque l'intégrale

$$\int_0^{y'} \left[k F\left(\frac{y'}{x}\right) - \frac{y'}{x} F'\left(\frac{y'}{x}\right) \right] \frac{dy'}{x}$$

satisfait à cette condition, il faudra que le terme

$$\frac{f'(x) - y'}{x^k}$$

y satisfasse également. Or, pour que ce terme devienne fonction de la seule quantité $\frac{y'}{x}$, il est nécessaire et il suffit que l'on ait à-la-fois

$$k = 1 \qquad \text{et} \qquad f'(x) = c\,x,$$

ou, ce qui revient au même,

$$(20) \qquad k = 1 \qquad \text{et} \qquad f(x) = \tfrac{1}{2} c\,x^2 + C,$$

c et C désignant deux quantités constantes, qui peuvent être nulles. Donc, pou rque l'équation (3) devienne homogène, il est nécessaire que la valeur de $f(x,y')$, donnée par la formule (17), se réduise à

$$(21) \qquad f(x,y') = \left\{ \tfrac{1}{2} c + \int_0^{y'} F\left(\frac{y'}{x}\right) \frac{dy'}{x} \right\} x^2 + C,$$

c'est-à-dire, que l'expression $f(x, y')$ soit équivalente ou à une fonction homogène du second degré, ou à une semblable fonction augmentée d'une quantité constante. Réciproquement, si l'expression $f(x, y')$ est déterminée comme on vient de le dire, l'équation (3) sera homogène, et, après l'avoir intégrée, on en déduira immédiatement l'intégrale ou les intégrales de l'équation (1).

Exemple. Prenons pour $f(x, y')$ la fonction homogène du second degré

$$\frac{1}{4}(x^2 + y'^2).$$

L'équation (1) deviendra

$$y = \frac{1}{4}(x^2 + y'^2). \tag{22}$$

En différenciant celle-ci, on obtiendra l'équation homogène

$$y'\,dx = \frac{1}{2}(x\,dx + y'\,dy'), \qquad \text{ou}$$

$$(x - 2y')\,dx + y'\,dy' = 0; \tag{23}$$

puis, en intégrant cette dernière, on trouvera

$$(x - y')\,e^{\frac{x}{x-y'}} = \mathcal{C}. \tag{24}$$

Par suite, l'intégrale générale de l'équation (21) sera

$$(x \pm \sqrt{4y - x^2})\,e^{\frac{x}{x \pm \sqrt{4y-x^2}}} = \mathcal{C}, \tag{25}$$

les deux radicaux devant être affectés du même signe, et $\mathcal{C}$ désignant la constante arbitraire.

QUATRIÈME LEÇON.

Sur les divers Facteurs à l'aide desquels on peut rendre intégrable une Équation différentielle du premier ordre.

CONCEVONS que le facteur v soit propre à rendre intégrable l'équation différentielle

$$(1) \qquad P\,dx + Q\,dy = 0;$$

de sorte qu'on ait identiquement

$$(2) \qquad v(P\,dx + Q\,dy) = du,$$

u désignant une fonction des deux variables x, y. Pour qu'un second facteur V, différent du premier, jouisse de la même propriété, il sera nécessaire, et il suffira, que le produit

$$(3) \qquad V(P\,dx + Q\,dy) = \frac{V}{v}\,du,$$

soit encore une différentielle exacte dU, c'est-à-dire, que l'on ait identiquement

$$(4) \qquad \frac{V}{v}\,du = dU.$$

Or, cette condition sera évidemment remplie, si l'on suppose

$$(5) \qquad \frac{V}{v} = \varphi(u) \quad \text{ou} \quad V = v\varphi(u),$$

puisque alors on vérifiera l'équation (4) réduite à la suivante

$$(6) \qquad \varphi(u)\,du = dU,$$

en prenant

$$(7) \qquad U = \int \varphi(u)\,du.$$

Réciproquement, on peut affirmer que si le nouveau facteur V rend intégrable l'équation (1), il sera de la forme $v\varphi(u)$. En effet, comme, en substituant la variable u à la variable y, on transformera toute fonction des variables x, y en une fonction des variables x et u, il est clair que si l'équation (4) est satisfaite, on pourra y considérer $\frac{V}{v}$ et U comme des fonctions de x et de u. Mais alors cette équation deviendra

$$(8) \qquad \frac{V}{v}\,du = \frac{dU}{du}\,du + \frac{dU}{dx}\,dx,$$

et se partagera en deux autres, savoir:

$$(9) \qquad \frac{dU}{du} = \frac{V}{v}, \quad \frac{dU}{dx} = 0.$$

Or, on vérifie la seconde des formules (9) en posant $U = \psi(u)$; après quoi l'on tire de la première $V = v\psi'(u)$. Donc, &c...

Pour appliquer ces principes à un exemple particulier, considérons l'équation différentielle

$$(10) \qquad dy + yF(x)\,dx = 0.$$

Ainsi que nous l'avons déjà remarqué, on peut rendre cette équation intégrable à l'aide du facteur

$$(11) \qquad v = \frac{1}{y},$$

qui renferme la seule variable y. On trouve alors

$$(12) \qquad u = l(y) + \int F(x)\,dx = l\left[y\, e^{\int F(x)dx}\right].$$

En conséquence, les divers facteurs propres à rendre l'équation (10) intégrable seront de la forme

$$(13) \qquad v\varphi(u) = \frac{1}{y}\,\varphi\left[l(y) + \int F(x)\,dx\right].$$

Il est essentiel d'observer que parmi ces facteurs il en existe un qui renferme la seule variable x, savoir, celui qu'on obtient en posant

$$\varphi(u) = e^u = y\, e^{\int F(x)\, dx},$$

et qui se réduit à

$$(14) \qquad e^{\int F(x)\, dx}.$$

Cette observation fournit un nouveau moyen d'intégrer l'équation linéaire du premier ordre

$$(15) \qquad dy + yF(x)\, dx = f(x)\, dx.$$

En effet, si l'on multiplie ses deux membres par le facteur qu'on vient d'obtenir, ils deviendront en même temps des différentielles exactes ; et, en intégrant ces différentielles, on trouvera

$$y\, e^{\int F(x)\, dx} = \int f(x)\, e^{\int F(x)\, dx}\, dx,$$

$$(16) \qquad y = e^{-\int F(x)\, dx} \int f(x)\, e^{\int F(x)\, dx}\, dx.$$

Lorsque l'équation (1) est homogène, le plus remarquable des facteurs qui la rendent intégrable est équivalent à l'unité divisée par le premier membre de la formule (21) [2.me leçon], ou, ce qui revient au même, à

$$(17) \qquad \frac{1}{Px + Qy}.$$

Or, on peut établir directement l'existence de ce facteur, en prouvant que, dans le cas où P et Q sont des fonctions homogènes du même degré, l'expression

$$(18) \qquad \frac{P\, dx + Q\, dy}{Px + Qy}$$

est une différentielle exacte. Pour y parvenir, faisons

$$(19) \qquad Px + Qy = w.$$

On en conclura

$$(20) \qquad P\, dx + Q\, dy = dw - \left\{ \begin{array}{l} x \dfrac{dP}{dx} dx + x \dfrac{dP}{dy} dy \\ + y \dfrac{dQ}{dx} dx + y \dfrac{dQ}{dy} dy \end{array} \right\}.$$

D'autre part, si l'on désigne par k le degré de chacune des fonctions homogènes P et Q, on aura, en vertu du théorème des fonctions homogènes,

$$(21)\quad \begin{cases} kP = x\frac{dP}{dx} + y\frac{dP}{dy}, \\ kQ = x\frac{dQ}{dx} + y\frac{dQ}{dy}, \end{cases}$$

et par suite

$$(22)\quad k(Pdx + Qdy) = x\frac{dP}{dx}dx + y\frac{dP}{dy}dx + x\frac{dQ}{dx}dy + y\frac{dQ}{dy}dy.$$

Si maintenant on ajoute, membre à membre, les équations (20) et (22), on trouvera

$$(k+1)(Pdx + Qdy) = dw + \left(\frac{dQ}{dx} - \frac{dP}{dy}\right)(xdy - ydx) = dw + x^2\left(\frac{dQ}{dx} - \frac{dP}{dy}\right)d\left(\frac{y}{x}\right);$$

puis, en divisant par $k+1$ et par $w = Px + Qy$, on obtiendra la formule

$$(23)\quad \frac{Pdx + Qdy}{Px + Qy} = \frac{dw}{(k+1)w} + \frac{x^2\left(\frac{dQ}{dx} - \frac{dP}{dy}\right)}{(k+1)(Px + Qy)}d\left(\frac{y}{x}\right).$$

Or, le terme $\frac{dw}{(k+1)w}$ est la différentielle exacte de $\frac{l(w)}{k+1}$. De plus, les deux fonctions $x^2\left(\frac{dQ}{dx} - \frac{dP}{dy}\right)$ et $(k+1)(Px + Qy)$ étant homogènes et du degré $k+1$, leur rapport

$$\frac{x^2\left(\frac{dQ}{dy} - \frac{dP}{dx}\right)}{(k+1)(Px + Qy)}$$

se réduit à une fonction homogène du degré zéro, c'est-à-dire, à une fonction de $\frac{y}{x}$, et par conséquent le produit de ce rapport par $d\left(\frac{y}{x}\right)$ est la différentielle d'une autre fonction de $\frac{y}{x}$. Donc le second membre de l'équation (23) est lui-même une différentielle exacte, et, comme cette équation est identique, on doit en dire autant du premier membre ou de l'expression (18).

On arriverait aux mêmes conclusions en cherchant la condition d'intégrabilité de l'expression (18). En effet, cette condition donne la formule

$$\frac{d\left(\frac{P}{Px+Qy}\right)}{dy}=\frac{d\left(\frac{Q}{Px+Qy}\right)}{dy},$$

qui, étant développée, se réduit à

$$(24)\qquad \frac{x\frac{dP}{dx}+y\frac{dP}{dy}}{P}=\frac{x\frac{dQ}{dy}+y\frac{dQ}{dy}}{Q}.$$

Or, cette dernière est une suite nécessaire des équations (21).

De ce qu'on vient de dire, il résulte que l'équation (1), supposée homogène, peut être décomposée en deux autres, dont l'une, savoir,

$$(25)\qquad \frac{Pdx+Qdy}{Px+Qy}=0,\quad \text{ou}\quad \frac{dw}{w}+\frac{x^2\left(\frac{dQ}{dx}-\frac{dP}{dy}\right)}{Px+Qy}\,d\left(\frac{y}{x}\right)=0,$$

est immédiatement intégrable, et conduit à l'intégrale générale, tandis que l'autre, savoir,

$$(26)\qquad Px+Qy=0,$$

fournit ou des intégrales particulières ou des intégrales singulières. Ces résultats s'accordent avec ceux que nous avons obtenus dans la 2.e leçon.

Lorsque l'équation (1) ne se réduit pas à une équation linéaire ou homogène, il est ordinairement très-difficile de découvrir un facteur propre à la rendre intégrable. Toutefois, pour établir l'existence d'un semblable facteur, il suffit d'admettre qu'il existe pour l'équation (1) une intégrale générale de la forme

$$(27)\qquad y=\mathcal{F}(x,\mathcal{C}),$$

$\mathcal{C}$ désignant une constante arbitraire. En effet, admettons cette intégrale. On en tirera

$$\mathcal{C} = u, \tag{28}$$

u représentant une fonction des seules quantités x, y; puis, en différenciant l'équation (28), on trouvera

$$\frac{du}{dx}\,dx + \frac{du}{dy}\,dy = 0. \tag{29}$$

Concevons maintenant qu'on élimine dy entre les équations (1) et (29); on obtiendra la suivante,

$$\frac{\left(\frac{du}{dx}\right)}{P} = \frac{\left(\frac{du}{dy}\right)}{Q}. \tag{30}$$

Or celle-ci, ne renfermant pas la constante arbitraire $\mathcal{C}$, et devant subsister, pour toutes les valeurs de cette constante, en même temps que la formule (27), ne pourra être qu'une équation identique, et non pas une équation qui détermine y en fonction de x. Donc, si l'on pose

$$\frac{\left(\frac{du}{dx}\right)}{P} = v,$$

on aura identiquement

$$\frac{\left(\frac{du}{dy}\right)}{Q} = v,$$

$$\frac{du}{dx} = vP, \quad \frac{du}{dy} = vQ,$$

$$du = \frac{du}{dx}\,dx + \frac{du}{dy}\,dy = v(P\,dx + Q\,dy). \tag{31}$$

Donc il existera un facteur v qui, multiplié par le premier membre de l'équation (1), transformera ce premier membre en une différentielle exacte du; ce qu'il fallait démontrer.

Quant à l'existence de l'intégrale générale représentée par la formule (27), elle se trouvera établie par les méthodes que nous exposerons dans la leçon 7 et les suivantes.

CINQUIEME LEÇON.

Recherche d'une Équation différentielle dont l'Intégrale générale est connue. Méthode par laquelle on peut déduire certaines Intégrales singulières de l'Intégrale générale.

SOIT $F(x, y, \mathcal{C})$ une fonction des variables x, y et de la constante arbitraire $\mathcal{C}$. Si l'on veut obtenir une équation différentielle qui ait pour intégrale générale l'équation finie

(1) $$F(x, y, \mathcal{C}) = 0,$$

il suffira de différencier cette dernière, après l'avoir résolue par rapport à $\mathcal{C}$. Concevons, en effet, que l'on tire de l'équation (1)

(2) $$\mathcal{C} = u,$$

u désignant une fonction des seules quantités x, y. En différenciant l'équation (2), on trouvera la suivante,

(3) $$\frac{du}{dx}\,dx + \frac{du}{dy}\,dy = 0,$$

qui ne contiendra plus de constante arbitraire, et sera vérifiée par les diverses valeurs de y tirées de la formule (1). Il résulte même des principes établis dans la 4.e leçon, que le premier membre de toute équation différentielle à laquelle appartiendra l'intégrale générale donnée, se réduira, si on le multiplie par un facteur convenable, au premier membre de l'équation (3).

Concevons maintenant que l'on différencie l'équation (1), sans la résoudre par rapport à la constante arbitraire. Alors, en désignant par

$$\Phi(x, y, \mathcal{C}), \quad X(x, y, \mathcal{C}), \quad \Psi(x, y, \mathcal{C}),$$

les dérivées de la fonction $F(x, y, \mathcal{C})$ relatives aux trois quantités x,

y, $\mathcal{C}$, on trouvera

$$(4)\qquad \Phi(x, y, \mathcal{C})\,dx + \mathrm{X}(x, y, \mathcal{C})\,dy = 0\,;$$

et, pour obtenir l'équation différentielle à laquelle appartient l'intégrale générale donnée, il faudra éliminer la constante $\mathcal{C}$ entre les formules (1) et (4). Observons d'ailleurs que cette équation différentielle ne changera pas, si, au lieu de considérer la quantité $\mathcal{C}$ comme une constante arbitraire, on suppose qu'elle devienne fonction des variables x, y, sans cesser de vérifier l'équation (4). Or, quand on différencie l'équation (1), en y faisant varier $\mathcal{C}$, on obtient la formule

$$(5)\qquad \Phi(x,y,\mathcal{C})\,dx + \mathrm{X}(x,y,\mathcal{C})\,dy + \Psi(x,y,\mathcal{C})\,d\mathcal{C} = 0\,;$$

et cette dernière se réduit à l'équation (4), non-seulement lorsque la différentielle $d\mathcal{C}$ est nulle, c'est-à-dire, lorsque la quantité $\mathcal{C}$ demeure constante, mais encore lorsque cette quantité satisfait à l'équation finie

$$(6)\qquad \Psi(x, y, \mathcal{C}) = 0, \quad \text{ou} \quad \frac{dF(x, y, \mathcal{C})}{d\mathcal{C}} = 0.$$

Donc, si l'on élimine $\mathcal{C}$ entre les formules (1) et (6), l'équation résultante de l'élimination fournira des valeurs de y en x, propres à vérifier l'équation différentielle qui a pour intégrale générale la formule (1). Du reste, ces valeurs de y pourront être ou des intégrales particulières ou des intégrales singulières, ainsi qu'on le verra par les exemples suivans.

Exemples. Supposons que l'équation (1) se réduise à

$$(7)\qquad y = (x + \mathcal{C})^2.$$

Dans cette hypothèse, les équations (4) et (6) deviendront

$$(8)\qquad dy = 2(x + \mathcal{C})\,dx$$

et

$$(9)\qquad 0 = x + \mathcal{C}.$$

Si l'on élimine $\mathcal{C}$ entre ces dernières et l'équation (7), on obtiendra les deux suivantes :

$$(10)\qquad \left(\frac{dy}{dx}\right)^2 = 4y \quad \text{ou} \quad dy = \pm 2y^{\frac{1}{2}}\,dx,$$

et

(11) $$y = 0.$$

Or, il est aisé de s'assurer que l'équation (10) a pour intégrale générale la formule (7), et pour intégrale singulière l'équation (1).

Considérons encore l'équation finie

(12) $$y = C(x + C)^2.$$

En la différenciant, 1.° par rapport à x et à y, 2.° par rapport à C, on trouvera

(13) $$dy = 2C(x + C)\,dx$$

et

(14) $$(x + C)(x + 3C) = 0.$$

Or, l'élimination de C entre les formules (12) et (13) produit l'équation différentielle

(15) $$\left(\frac{dy}{dx}\right)^3 = 4y^2 x \frac{dy}{dx} + 8y^4,$$

qui a pour intégrale générale la formule (12). Quant à l'équation (14), on en déduit deux valeurs variables de la quantité C, savoir:

(16) $$C = -x,$$ (17) $$C = -\frac{x}{3}.$$

La première de ces deux valeurs, substituée dans l'équation (12), fournit l'intégrale particulière

(18) $$y = 0,$$

qui correspond aussi à une valeur nulle de la quantité C regardée comme constante. De plus, on tire de l'équation (17) réunie à l'équation (12)

(19) $$y = -\tfrac{4}{27}x^3;$$

et l'on reconnaît immédiatement que cette dernière valeur de y est une intégrale singulière.

Considérons enfin l'équation

(20) $$y = Cx + F(C).$$

En la différenciant, 1.° par rapport à x et à y, 2.° par rapport à C, on trouvera

$$dy = \mathcal{C}\,dx \quad \text{ou} \quad y' = \mathcal{C}, \tag{21}$$

et

$$x + F'(\mathcal{C}) = 0. \tag{22}$$

Or, l'élimination de $\mathcal{C}$ entre les formules (20) et (21) produit l'équation différentielle

$$y = xy' + F(y'), \tag{23}$$

que nous avons déjà traitée dans la troisième leçon, et qui a pour intégrale générale la formule (20). Quant aux valeurs de y fournies par l'élimination de $\mathcal{C}$ entre les formules (20) et (22), elles sont évidemment des intégrales singulières. En effet, la dérivée y' de l'une quelconque de ces valeurs, étant déterminée par le système des équations (21) et (22), ou, ce qui revient au même, par l'équation unique

$$x + F'(y') = 0, \tag{24}$$

sera nécessairement une quantité variable, ou fonction de x; tandis que la dérivée de chaque intégrale particulière sera, en vertu de la formule (21), une quantité constante.

Au lieu d'éliminer $\mathcal{C}$ entre les formules (20) et (22), on pourrait éliminer y' entre les formules (23) et (24). On se trouverait ainsi ramené à la règle par laquelle nous avons déterminé, dans la troisième leçon, les intégrales singulières de l'équation (23).

On a vu par le second exemple que les valeurs de y, correspondantes à des valeurs variables de la quantité $\mathcal{C}$, et déterminées à l'aide du système des deux équations (1) et (6), pouvaient être quelquefois des intégrales particulières de l'équation différentielle produite par l'élimination de $\mathcal{C}$ entre les formules (1) et (4). On peut ajouter qu'en cherchant ces valeurs de y, on n'obtiendra pas toujours toutes les intégrales singulières de l'équation différentielle dont il s'agit, et qu'on n'en obtiendra même aucune, si l'équation (1) a été d'abord résolue par rapport à $\mathcal{C}$, et réduite à la formule (2).

SIXIÈME LEÇON.

Détermination de la Constante arbitraire que renferme l'Intégrale générale d'une Équation différentielle du premier ordre entre les variables x et y, dans le cas où l'on connaît la valeur particulière de y qui répond à une valeur donnée de x.

CONCEVONS que par l'une des méthodes précédemment exposées on ait intégré une équation différentielle de la forme

(1) $$P dx + Q dy = 0,$$

et soit

(2) $$F(x, y, \mathcal{C}) = 0$$

l'intégrale générale de cette équation différentielle. La valeur que cette intégrale fournit pour y, renfermant avec la variable x une constante arbitraire $\mathcal{C}$, il en résulte que l'inconnue y ne peut pas être complétement déterminée en fonction de x par la seule condition de vérifier l'équation (3). La constante $\mathcal{C}$, de laquelle on peut disposer à volonté, donne le moyen d'assujettir l'inconnue y à une seconde condition, par exemple, à prendre une certaine valeur particulière y_0 pour une valeur donnée x_0 de la variable x. En effet, cette seconde condition sera remplie, si l'on détermine la constance $\mathcal{C}$ par l'équation

(3) $$F(x_0, y_0, \mathcal{C}) = 0.$$

Si maintenant on élimine $\mathcal{C}$ entre les formules (2) et (3), l'équation résultante ne renfermera plus que les variables x, y, avec leurs valeurs particulières x_0, y_0, et donnera pour y une fonction de x propre à remplir à-la-fois les deux conditions ci-dessus énoncées.

Lorsque l'équation (2) se présente sous la forme

$$u = \mathcal{C}, \tag{4}$$

u étant une fonction des variables x, y, l'équation (3) devient

$$u_0 = \mathcal{C}, \tag{5}$$

u_0 désignant la valeur particulière que prend la fonction u quand on y suppose $x = x_0$, $y = y_0$; et l'élimination de la constante $\mathcal{C}$ produit la formule

$$u = u_0, \tag{6}$$

qui se trouve effectivement vérifiée par la supposition dont il s'agit. Au reste, pour obtenir directement la formule (6), il suffit d'observer que si l'intégrale générale $u = \mathcal{C}$ appartient à l'équation (1), cette équation, multipliée par un facteur convenable, deviendra

$$du = 0. \tag{7}$$

En considérant dans cette dernière y comme une fonction de x, puis intégrant les deux membres de manière qu'ils s'évanouissent pour la valeur x_0 de x, et pour la valeur y_0 de y, on trouvera

$$u - u_0 = 0, \quad \text{et par suite} \quad u = u_0.$$

Exemples. En effectuant les intégrations à partir de $x = x_0$ et de $y = y_0$, on reconnaîtra que l'équation

$$\varphi(x)\,dx + \chi(y)\,dy = 0 \tag{8}$$

a pour intégrale

$$\int_{x_0}^{x} \varphi(x)\,dx + \int_{y_0}^{y} \chi(y)\,dy = 0. \tag{9}$$

En opérant de la même manière sur les deux membres de l'équation

$$dy + yF(x)\,dx = f(x)\,dx \tag{10}$$

multipliée par le facteur $e^{\int_{x_0}^{x} F(x)\,dx}$, on en tirera

$$y\,e^{\int_{x_0}^{x} F(x)\,dx} - y_0 = \int_{x_0}^{x} e^{\int_{x_0}^{x} F(x)\,dx} f(x)\,dx,$$

et par suite

$$(11)\qquad y = e^{-\int_{x_0}^{x} F(x)\,dx}\left[y_0 + \int_{x_0}^{x} e^{\int_{x_0}^{x} F(x)\,dx} f(x)\,dx\right].$$

Si l'équation (10) se réduisait à

$$(12)\qquad dy + yF(x)\,dx = 0,$$

on trouverait simplement

$$(13)\qquad y = y_0\,e^{\int_{x_0}^{x} F(x)\,dx}.$$

Considérons encore l'équation différentielle

$$(14)\qquad y = xy' + F(y').$$

Son intégrale générale se déduira, comme on l'a vu, de la formule

$$(15)\qquad dy' = 0.$$

Or, si l'on désigne par y'_0 la valeur de y' qui répond à la valeur x_0 de x, on tirera de l'équation (14), en intégrant les deux membres à partir de $x = x_0$,

$$(16)\qquad y' - y'_0 = 0,$$

ou, ce qui revient au même,

$$(17)\qquad dy = y'_0\,dx.$$

En opérant de la même manière sur la formule (17), on trouvera

$$(18)\qquad y - y_0 = y'_0(x - x_0).$$

Cela posé, l'équation (16) donnera

$$(19)\qquad y' = \frac{y - y_0}{x - x_0};$$

et, en substituant la valeur de y' dans l'équation (14), on aura définitivement

$$(20)\qquad \frac{y_0 x - x_0 y}{x - x_0} = F\left(\frac{y - y_0}{x - x_0}\right).$$

Pour transformer les diverses intégrales que nous venons d'obtenir en intégrales générales, il suffit de concevoir que, l'une des quantités x_0, y_0 étant réduite à un nombre fixe, à zéro, par exemple, ou à l'unité, l'autre se change en une constante arbitraire. Ajoutons que l'on simplifie ordinairement ces intégrales en supposant $x_0 = 0$. Ainsi, en adoptant cette hypothèse, on réduira l'équation (20) à la suivante,

$$(21)\qquad y_0 = F\left(\frac{y - y_0}{x}\right).$$

Telle est la formule qui remplace l'intégrale générale de l'équation (14), quand on assujettit l'inconnue y à prendre la valeur particulière y_0 pour une valeur nulle de x.

Tout ce qui a été dit ci-dessus, relativement aux intégrales générales des équations différentielles, ne saurait s'appliquer à leurs intégrales singulières, attendu que celles-ci ne renferment point de constantes arbitraires dont on puisse disposer de manière à remplir des conditions nouvelles.

Faisons maintenant $\frac{P}{Q} = -f(x, y)$. L'équation (1), divisée par Q, donnera

$$(22)\qquad dy = f(x, y)\, dx.$$

Soit d'ailleurs

$$(23)\qquad y = \mathcal{F}(x)$$

une valeur de l'inconnue y qui remplisse la double condition de vérifier l'équation (22), et de se réduire à y_0 pour $x = x_0$. On aura

$$(24)\qquad \mathcal{F}'(x) = f[x, \mathcal{F}(x)]$$

et

(25) $$y_0 = \mathcal{F}(x_0).$$

De plus, $\mathcal{F}(x)$ étant une fonction déterminée de la variable x; si l'on attribue à cette variable une nouvelle valeur particulière X, la valeur correspondante de y sera une quantité déterminée. En désignant cette quantité par Y, et par θ un nombre inférieur à l'unité, on trouvera

(26) $$Y = \mathcal{F}(X);$$

(27) $$Y - y_0 = \mathcal{F}(X) - \mathcal{F}(x_0) = (X - x_0)\,\mathcal{F}'[x_0 + \theta(X - x_0)].$$

De même, si l'on désigne par

(28) $$x_1,\quad x_2\; \ldots\ldots\; x_{n-1};$$

n valeurs de x qui forment une suite croissante entre les limites $x = x_0$, $x = X$, et par

(29) $$y_1,\quad y_2\; \ldots\ldots\; y_{n-1},$$

les valeurs correspondantes de y, on aura

(30) $$\left\{\begin{array}{l} y_1 - y_0 = (x_1 - x_0)\, f\{x_0 + \theta_0(x_1 - x_0),\ \mathcal{F}[x_0 + \theta_0(x_1 - x_0)]\},\\ y_2 - y_1 = (x_2 - x_1)\, f\{x_1 + \theta_1(x_2 - x_1),\ \mathcal{F}[x_1 + \theta_1(x_2 - x_1)]\},\\ \&c.\ldots\\ Y - y_{n-1} = (X - x_{n-1})\, f[x_{n-1} + \theta_{n-1}(X - x_{n-1}),\ \mathcal{F}[x_{n-1} + \theta_{n-1}(X - x_{n-1})]], \end{array}\right.$$

θ_0, θ_1, ... θ_{n-1} étant encore des nombres inférieurs à l'unité. Dans les seconds membres de ces dernières équations, les divers élémens de la différence $X - x_0$, savoir,

(31) $$x_1 - x_0,\quad x_2 - x_1\; \ldots\ldots\; X - x_{n-1};$$

se trouvent multipliés par des coefficiens qui diffèrent très-peu des quantités

$$f[x_0, \mathcal{F}(x_0)],\quad f[x_1, \mathcal{F}(x_1)],\quad \ldots\quad f[x_{n-1}, \mathcal{F}(x_{n-1})],$$

ou, ce qui revient au même, des suivantes,

$$f(x_0, y_0), \quad f(x_1, y_1), \quad \ldots\ldots \quad f(x_{n-1}, y_{n-1}),$$

lorsque ces élémens ont des valeurs très-petites, et que la fonction $f[x, \mathfrak{F}(x)]$ demeure finie et continue entre les limites $x = x_0$, $x = X$. On aura donc à très-peu près, si ces conditions sont remplies,

$$(32) \quad \left\{ \begin{array}{l} y_1 - y_0 = (x_1 - x_0) f(x_0, y_0), \\ y_2 - y_1 = (x_2 - x_1) f(x_1, y_1), \\ \&c. \ldots \\ Y - y_{n-1} = (X - x_{n-1}) f(x_{n-1}, y_{n-1}): \end{array} \right.$$

Ajoutons que, dans cette hypothèse, la véritable valeur de Y différera très-peu de celle qu'on déduit des équations (32), quand on élimine entre ces mêmes équations les quantités

$$y_1, \quad y_2, \quad \ldots\ldots \quad y_{n-1}.$$

Cette proposition peut être rigoureusement établie à l'aide des principes que nous exposerons dans les prochaines leçons. Quant à présent, nous nous bornerons à en vérifier l'exactitude dans le cas où l'équation (22) se réduit à

$$(33) \qquad dy = y\, F(x)\, dx.$$

Dans ce cas particulier, en effectuant l'intégration de manière qu'à la valeur x_0 de la variable x corresponde la valeur y_0 de la variable y, on trouvera

$$(34) \qquad y = y_0\, e^{\int_{x_0}^{x} F(x)\, dx}.$$

On aura par suite

$$(35) \qquad Y = y_0\, e^{\int_{x_0}^{X} F(x)\, dx}.$$

De plus, les équations (32) donneront

$$(36)\quad \begin{cases} y_1 = y_0\,\{1 + [x_1 - x_0]\,F(x_0)\}, \\ y_2 = y_1\,\{1 + [x_2 - x_1]\,F(x_1)\}, \\ \&c. \ldots . \\ Y = y_{n-1}\,\{1 + [X - x_{n-1}]\,F(x_{n-1})\}; \end{cases}$$

et l'on en conclura, en éliminant les quantités $y_1, y_2, \ldots y_{n-1}$,

$$(37)\qquad Y = $$
$$y_0\{1+[x_1-x_0]F(x_0)\}\{1+[x_2-x_1]F(x_1)\}\ldots\{1+[X-x_{n-1}]F(x_{n-1})\}.$$

Enfin, il est clair que la fonction

$$y\,F(x) = y_0\,F(x)\,e^{\int_{x_0}^{x} F(x)\,dx}$$

restera finie et continue entre les limites $x = x_0$, $x = X$, si la fonction

$$F(x)$$

remplit les mêmes conditions. Or, il est aisé de s'assurer que, dans cette hypothèse, les valeurs de Y fournies par les équations (35) et (37) différeront très-peu l'une de l'autre, si les élémens de la différence $X - x_0$ ont de très-petites valeurs numériques. En effet, on tirera de l'équation (37)

$$(38)\quad l(Y) = l(y_0) + l\{1+[x_1-x_0]F(x_0)\} + l\{1+[x_2-x_1]F(x_1)\} + \ldots$$
$$+\, l\{1+[X-x_{n-1}]F(x_{n-1})\}.$$

D'ailleurs, si l'on représente par a une quantité finie, par α, ε deux quantités infiniment petites, et par θ un nombre inférieur à l'unité, on aura, en vertu du théorème de *Maclaurin*,

$$(39)\qquad l(1 + a\alpha) = \frac{a\alpha}{1+\theta a\alpha} = \alpha(a \pm \varepsilon),$$

et l'on en conclura

$$(40)\quad \left\{\begin{aligned} & l\{1+[x_1-x_0]F(x_0)\}+l\{1+[x_2-x_1]F(x_1)\}+\ldots \\ & +l\{1+[X-x_{n-1}]F(x_{n-1})\} \\ & =(x_1-x_0)[F(x_0)\pm\varepsilon_0]+(x_2-x_1)[F(x_1)\pm\varepsilon_1]+\ldots \\ & +(X-x_{n-1})\{F(x_{n-1})\pm\varepsilon_{n-1}\}, \end{aligned}\right.$$

ε_0, ε_1, ... ε_{n-1} désignant des nombres très-petits. Comme le second membre de cette dernière formule diffère très-peu de l'intégrale définie

$$\int_{x_0}^{X} F(x)\,dx$$

[*voyez* le tome premier, page 85], il en résulte que la valeur de $l(Y)$ fournie par l'équation (38) se réduit sensiblement à

$$(41)\qquad l(Y)=l(y_0)+\int_{x_0}^{X} F(x)\,dx,$$

et la valeur correspondante de Y à celle que détermine la formule (35), c'est-à-dire, à

$$Y=y_0\, e^{\int_{x_0}^{X} F(x)\,dx}.$$

SEPTIÈME LEÇON.

Exposition d'une Méthode à l'aide de laquelle on peut intégrer par approximation un grand nombre d'Équations différentielles du premier ordre.

Toutes les fois qu'une équation différentielle de la forme

$$dy = f(x, y)\,dx \tag{1}$$

est intégrable par l'une des méthodes exposées dans les leçons précédentes, on en conclut aisément, comme on l'a fait voir, qu'il est possible d'obtenir, pour l'inconnue y, une fonction de x propre à vérifier cette équation différentielle, et de plus à prendre une valeur particulière, mais arbitraire, y_0, dans le cas où l'on attribue à la variable x une valeur donnée x_0. Réciproquement, il sera certain que l'équation (1) est intégrable, et qu'elle admet une intégrale générale comprenant une constante arbitraire, si l'on démontre qu'il existe une valeur générale de y propre à remplir les deux conditions énoncées. Or, on y parvient aisément, dans un grand nombre de cas, à l'aide des principes que nous allons établir.

Concevons que, X étant une nouvelle valeur particulière de x, on désigne par

$$x_1, \quad x_2, \quad \ldots\ldots \quad x_{n-1}$$

des quantités intermédiaires entre les limites x_0, X, et qui aillent toujours en croissant ou en décroissant depuis la première limite jusqu'à la seconde. Supposons, en outre, qu'aux quantités

$$x_0, \quad x_1, \quad x_2, \ldots\ldots \quad x_{n-1}, \quad X, \tag{2}$$

on fasse correspondre d'autres quantités

(3) $$y_0,\ y_1,\ y_2,\ \ldots\ldots\ y_{n-1},\ Y,$$

dont la première soit précisément y_0, les suivantes étant déterminées par le moyen des équations

(4) $$\left\{\begin{aligned} &y_1 - y_0 = (x_1 - x_0) f(x_0, y_0),\\ &y_2 - y_1 = (x_2 - x_1) f(x_1, y_1),\\ &\text{\&c.}\ldots\ldots\\ &Y - y_{n-1} = (X - x_{n-1}) f(x_{n-1} - y_{n-1}).\end{aligned}\right.$$

Il suffira évidemment d'éliminer, entre ces équations, y_1, y_2 ... y_{n-1}, pour obtenir une valeur de Y exprimée en fonction des seules quantités

(5) $$x_0;\ x_1,\ x_2,\ \ldots\ldots\ x_{n-1},\ X,\ y_0.$$

Soit

(6) $$Y = \mathfrak{F}(x_0,\ x_1,\ x_2,\ \ldots\ x_{n-1},\ X,\ y_0)$$

cette même valeur. Elle jouira de plusieurs propriétés remarquables qui résulteront des divers théorèmes que nous allons faire connaître.

1.er Théorème. *Supposons que, pour toutes les valeurs de x renfermées entre les limites x_0, X, la fonction*

$$f(x, y)$$

reste continue par rapport aux variables x, y, et demeure comprise entre les limites $\pm A$ [A désignant une quantité positive]. La valeur de Y déterminée par l'équation (6) pourra être présentée sous la forme

(7) $$Y = y_0 + (X - x_0) f[x_0 + \theta(X - x_0),\ y_0 \pm \Theta A (X - x_0)],$$

θ et Θ désignant deux nombres inférieurs à l'unité.

Démonstration. En ajoutant les équations (4), on obtient la suivante,

$$(8)\quad \left\{ \begin{array}{l} Y - y_0 = (x_1 - x_0) f(x_0, y_0) + (x_2 - x_1) f(x_1, y_1) + \ldots \\ \quad \ldots\ldots\ldots\ldots\ldots + (X - x_{n-1}) f(x_{n-1}, y_{n-1}). \end{array} \right.$$

Il résulte de celle-ci que la quantité $Y - y_0$ est équivalente à la somme des binomes

$$(9)\qquad x_1 - x_0,\quad x_2 - x_1,\quad \ldots\ldots\quad X - x_{n-1},$$

c'est-à-dire, à la différence $X - x_0$, multipliée par une moyenne entre les coefficiens

$$(10)\qquad f(x_0, y_0),\ f(x_1, y_1)\ \ldots\ldots\ f(x_{n-1}, y_{n-1}),$$

et par conséquent par une expression de la forme $\pm \Theta A$. On aura donc

$$Y - y_0 = \pm \Theta A (X - x_0),$$

ou, ce qui revient au même,

$$(11)\qquad Y = y_0 \pm \Theta A (X - x_0).$$

En d'autres termes, la valeur de Y se trouvera comprise entre les limites $y_0 \pm A(X - x_0)$. En raisonnant de la même manière, on ferait voir que les quantités $y_1, y_2, \ldots y_{n-1}$ sont respectivement comprises entre les limites

$$y_0 \pm A(x_1 - x_0),\ y_1 \pm A(x_2 - x_0)\ \ldots\ldots\ y_0 \pm A(x_{n-1} - x_0),$$

et à plus forte raison entre les limites $y_0 \pm A(X - x_0)$. Donc toutes ces quantités se réduisent, aussi bien que Y, à des expressions de la forme

$$y_0 \pm \Theta A (X - x_0).$$

On doit en conclure que les coefficiens

$$f(x_0, y_0),\quad f(x_1, y_1),\quad \ldots\ldots\ f(x_{n-1}, y_{n-1}),$$

sont des valeurs particulières de l'expression

$$(12)\qquad f[x_0 + \theta(X - x_0),\quad y_0 \pm \Theta A (X - x_0)],$$

qui correspondent à des valeurs de θ et de Θ comprises entre les limites o et 1. Or, concevons que le plus grand des coefficiens dont il s'agit se déduise de la formule (12), quand on y pose

$$\theta = \mu, \qquad \pm\Theta = M;$$

et le plus petit, quand on y pose

$$\theta = \mu + \nu, \qquad \pm\Theta = M + N.$$

Toute quantité moyenne entre ces coefficiens, ou, ce qui revient au même, entre les quantités

$$f[x_0 + \mu(X - x_0), \quad y_0 + MA(X - x_0)]$$

et

$$f[x_0 + (\mu+\nu)(X - x_0), \quad y_0 + (M+N)A(X - x_0)]$$

sera évidemment une valeur particulière de l'expression

$$f[x_0 + (\mu + \nu\zeta)(X - x_0), \quad y_0 + (M + N\zeta)A(X - x_0)],$$

correspondante à une valeur de ζ comprise entre les limites o, 1; et par conséquent une valeur particulière de l'expression (12), correspondante à des valeurs de θ et de Θ comprises entre les mêmes limites. Donc, puisque la différence $Y - y_0$ est équivalente au produit de $X - x_0$ par une moyenne de cette espèce, on pourra satisfaire à l'équation

$$(13) \qquad Y - y_0 = (X - x_0) f[x_0 + \theta(X - x_0), \quad y_0 \pm \Theta A(X - x_0)];$$

en prenant pour θ et Θ des nombres inférieurs à l'unité. La valeur de Y tirée de cette dernière équation est précisément celle que présente la formule (7).

Corollaire 1.er Si l'on supposait tous les élémens de la différence $X - x_0$, c'est-à-dire, les binomes $x_1 - x_0$, $x_2 - x_1$, ... $X - x_{n-1}$, réduits à un seul qui serait cette différence elle-même, on aurait, à la place des formules (4), la seule équation

$$(14) \qquad Y - y_0 = (X - x_0) f(x_0, y_0).$$

En comparant celle-ci à l'équation (13), on reconnaît que la division de $X - x_0$ en élémens a pour effet de modifier le second facteur du produit qui représente la valeur de $Y - y_0$, en y faisant croître les quantités x_0, y_0, de manière que les valeurs numériques de leurs accroissemens soient inférieures, d'une part, à la valeur numérique du premier facteur, de l'autre, à cette valeur numérique multipliée par la constante A.

Corollaire 2.e Soit m un nombre entier inférieur à n, et faisons

$$x_m = \xi, \quad y_m = \eta.$$

En ajoutant les unes aux autres celles des équations (4) qui renferment les quantités

$$y_m, \quad y_{m+1}, \quad \ldots\ldots \quad y_{n-1}, \quad Y,$$

et employant des raisonnemens semblables à ceux dont nous nous sommes servis pour établir l'équation (13), on obtiendra une autre équation de la forme

$$(15) \qquad Y - \eta = (X - \xi) f[\xi + \theta(X - \xi), \ \eta \pm \Theta A (X - \xi)].$$

2.e Théorème. *Désignons par $H = \pm (X - x_0)$ la valeur numérique de la différence $X - x_0$. Supposons d'ailleurs que, pour toutes les valeurs de x renfermées entre les limites x_0, X, la fonction*

$$\frac{d f(x, y)}{d y}$$

reste continue par rapport aux variables x, y, et demeure comprise entre les limites $\pm C$ [C représentant une quantité positive]. Dans cette hypothèse, si l'on attribue à y_0 un accroissement arbitraire désigné par β_0, l'accroissement correspondant de la quantité Y, déterminée par l'équation (6), sera de la forme

$$(16) \qquad \pm \Theta \beta_0 e^{CH},$$

Θ étant un nombre inférieur à l'unité.

Démonstration. Soit

$$\varphi(x,y)\,dx + \chi(x,y)\,dy,$$

la différentielle totale de la fonction $f(x,y)$, en sorte qu'on ait identiquement

$$(17)\qquad \frac{df(x,y)}{dx} = \varphi(x,y), \qquad \frac{df(x,y)}{dy} = \chi(x,y).$$

Soient de plus

$$\beta_1,\ \beta_2,\ \ldots\ldots\ \beta_n$$

les accroissemens respectifs que prennent, en vertu des équations (4), les quantités

$$y_1,\ y_2,\ \ldots\ldots\ y_n,$$

lorsqu'on attribue à y_0 l'accroissement β_0. Enfin, représentons par

$$\theta,\ \Theta_0,\ \Theta_1,\ \ldots\ldots\ \Theta_{n-1}$$

des nombres inférieurs à l'unité. La première des équations (4), savoir,

$$y_1 - y_0 = (x_1 - x_0) f(x_0, y_0),$$

devant subsister encore quand on y fera croître y_0 de β_0 et y_1 de β_1, on en conclura

$$y_1 + \beta_1 - (y_0 + \beta_0) = (x_1 - x_0) f(x_0, y_0 + \beta_0),$$

et par suite

$$(18)\qquad \beta_1 - \beta_0 = (x_1 - x_0)\left[f(x_0, y_0 + \beta_0) - f(x_0, y_0)\right].$$

On aura d'ailleurs, en vertu d'une formule connue et de l'hypothèse admise,

$$\frac{f(x_0, y_0 + \beta_0) - f(x_0, y_0)}{\beta_0} = \chi(x_0, y_0 \pm \theta\beta_0) = \pm\Theta_0 C;$$

$$f(x_0, y_0 + \beta_0) - f(x_0, y_0) = \pm\Theta_0 \beta_0 C;$$

et par conséquent l'équation (18) donnera

$$(19)\qquad \beta_1 = \beta_0\left[1 \pm \Theta_0 C(x_1 - x_0)\right].$$

On trouvera de même

$$(20)\quad \begin{cases} \beta_2 = \beta_1 [1 \pm \Theta_1 C(x_2 - x_1)], \\ \&c. \ldots . \\ \beta_n = \beta_{n-1} [1 \pm \Theta_{n-1} C(X - x_{n-1})]. \end{cases}$$

Concevons maintenant qu'après avoir multiplié les unes par les autres les équations (19) et (20), on supprime les facteurs communs aux deux membres. On en déduira

$$(21)\qquad \beta_n =$$
$$\beta_0 [1 \pm \Theta_0 C(x_1 - x_0)][1 \pm \Theta_1 C(x_2 - x_1)] \ldots [1 \pm \Theta_{n-1} C(X - x_{n-1})].$$

Or, si la différence $X - x_0$ est positive, la valeur numérique du binome

$$1 \pm \Theta_0 C(x_1 - x_0)$$

sera inférieure à la somme

$$1 + C(x_1 - x_0),$$

et par suite à l'exponentielle

$$e^{C(x_1 - x_0)} = 1 + C(x_1 - x_0) + \frac{C^2 (x_1 - x_0)^2}{1.2} + \&c. \ldots$$

Par la même raison, les valeurs numériques des binomes

$$1 \pm \Theta_1 C(x_2 - x_1), \ldots . . \; 1 \pm \Theta_{n-1} C(X - x_{n-1})$$

seront respectivement inférieures aux exponentielles

$$e^{C(x_2 - x_1)}, \ldots \ldots . \; e^{C(X - x_{n-1})}.$$

Donc le produit de tous les binomes qui entrent dans le second membre de l'équation (21), aura une valeur numérique inférieure au produit de toutes les exponentielles, c'est-à-dire, à $e^{C(X - x_0)}$. Il se réduira donc à une expression de la forme

$$\pm \Theta \, e^{C(X - x_0)},$$

Θ représentant un nombre compris entre les limites o et 1. Il faudrait évidemment remplacer cette expression par la suivante

$$\pm \Theta e^{C(x_0 - X)},$$

si la différence $X - x_0$ devenait négative. Cela posé, l'équation (21) donnera

$$(22) \qquad \beta_n = \pm \Theta \beta_0 e^{\pm C(X - x_0)} = \pm \Theta \beta_0 e^{CH}.$$

Cette dernière formule, dans laquelle β_0 et β_n désignent les accroissemens correspondans de y_0 et de Y, renferme évidemment le 2.e théorème. Si l'on fait, pour abréger,

$$(23) \qquad k = e^{CH},$$

k sera une constante positive et finie; et l'on aura simplement

$$(24) \qquad \beta_n = \pm \Theta k \beta_0.$$

Corollaire 1.er Lorsque les élémens de la différence $X - x_0$ représentés par les expressions (9) obtiennent tous des valeurs numériques inférieures à $\frac{1}{C}$, les facteurs qui suivent β_0 dans le second membre de l'équation (21), sont tous positifs; et l'équation (24) se réduit à

$$(25) \qquad \beta_n = \Theta k \beta_0.$$

Corollaire 2.e La valeur de β_n donnée par l'équation (24) devient infiniment petite en même temps que β_0. Donc, à un accroissement infiniment petit de la quantité y_0 correspond toujours un accroissement infiniment petit de la quantité Y; et par conséquent la seconde de ces deux quantités est une fonction continue de la première.

Corollaire 3.e Concevons que, parmi les équations (4), on conserve seulement celles qui renferment les quantités $y_m, y_{m+1}, \ldots y_{n-1}, Y$ [m désignant un nombre entier quelconque]. Les équations conservées, savoir,

$$(26)\quad\left\{\begin{array}{l} y_{m+1}-y_m=(x_{m+1}-x_m)f(x_m,y_m),\\ y_{m+2}-y_{m+1}=(x_{m+2}-x_{m+1})f(x_{m+1},y_{m+1}),\\ \&c.\ldots.\\ Y-y_{n-1}=(X-x_{n-1})f(x_{n-1},y_{n-1}), \end{array}\right.$$

suffiront pour déterminer Y en fonction des quantités

$$x_m,\quad x_{m+1},\quad \ldots\ldots\quad x_{n-1},\quad X,\quad y_m;$$

et l'on prouvera encore que, si l'on attribue à y_m un certain accroissement β_m, l'accroissement correspondant de Y sera de la forme

$$(27)\qquad \pm\Theta\,\beta_m\,e^{\pm C(X-x_m)}.$$

Donc ce dernier accroissement aura une valeur numérique inférieure à celle du produit

$$\beta_m\,e^{\pm C(X-x_m)},$$

et à plus forte raison à celle du produit

$$\beta_m\,e^{\pm C(X-x_0)}=k\,\beta_m.$$

3.e Théorème. *Les mêmes choses étant admises que dans les théorèmes 1.*[er] *et 2.*[e]*, si l'on fait décroître à l'infini les valeurs numériques des élémens de la différence* $X-x_0$*, la valeur de* Y *déterminée par l'équation* (6) *convergera vers une limite qui dépendra uniquement des trois quantités*

$$x_0,\quad X\quad \text{et}\quad y_0.$$

Démonstration. La quantité Y dépend évidemment, 1.° des valeurs extrêmes de x représentées par x_0, X; 2.° de la quantité y_0; 3.° du nombre n et des valeurs mêmes des élémens dans lesquels on a divisé la différence $X-x_0$, ou, en d'autres termes, du mode de division adopté. Or, pour établir le 3.e théorème, il suffira de faire voir que, si les valeurs numériques des élémens deviennent très-petites et le nombre n très-considérable, le mode de division n'aura plus sur la valeur de Y qu'une influence insensible. C'est effectivement ce que l'on peut démontrer, comme il suit :

Lorsque les élémens de la différence $X-x_0$ se réduisent à un seul qui coïncide avec cette différence elle-même, la valeur de Y est simplement déterminée par l'équation (14). Lorsqu'au contraire on prend les expressions (9) pour élémens de la différence $X-x_0$, l'équation (14) se trouve remplacée par les équations (4), auxquelles on peut substituer l'équation (13). Cela posé, concevons que les expressions (9) aient de très-petites valeurs numériques. Pour passer à un second mode de division dans lequel les valeurs numeriques des élémens de la différence $X-x_0$ soient encore plus petites, il suffira de subdiviser chacune des expressions (9) en de nouveaux élémens. Or, on peut calculer d'une manière approchée le degré d'influence que chaque subdivision aura sur la valeur de Y. En effet, lorsqu'on partagera l'élément x_1-x_0 en plusieurs autres, la première des équations (4), savoir,

$$(28) \qquad y_1-y_0=(x_1-x_0)f(x_0,y_0)$$

se trouvera remplacée par plusieurs équations de même forme, desquelles on tirera, par les raisonnemens qui ont servi à établir la formule (13) [*voyez* le théorème 1.er, et son premier corollaire],

$$(29) \qquad y_1-y_0=(x_1-x_0)f[x_0+\theta(x_1-x_0),\ y_0\pm\Theta A(x_1-x_0)],$$

θ et Θ désignant deux nombres inférieurs à l'unité. Si l'on suppose en outre

$$(30) \qquad f[x_0+\theta(x_1-x_0),\ y_0\pm\Theta A(x_1-x_0)]=f(x_0,y_0)\pm\varepsilon_0,$$

ε étant une quantité positive, l'équation (29) donnera

$$(31) \qquad y_1-y_0=(x_1-x_0)f(x_0,y_0)\pm\varepsilon_0(x_1-x_0).$$

De plus, on tirera de l'équation (28)

$$(32) \qquad y_1\doteq y_0+(x_1-x_0)f(x_0,y_0),$$

et de l'équation (31)

(33) $$y_1 = y_0 + (x_1 - x_0) f(x_0, y_0) \pm \varepsilon_0 (x_1 - x_0).$$

A la seule inspection de ces deux dernières formules, on reconnaît que l'accroissement de y_1 produit par la subdivision de l'élément $x_1 - x_0$ est équivalent au produit

(34) $$\pm \varepsilon_0 (x_1 - x_0).$$

Si d'ailleurs les autres élémens de la différence $X - x_0$ conservent leurs valeurs primitives, tandis que la quantité y_1 recevra l'accroissement dont il s'agit, la quantité Y prendra [*voyez* le 3.e corollaire du 2.e théorème] un autre accroissement, de la forme

(35) $$\pm \Theta k \varepsilon_0 (x_1 - x_0).$$

Donc l'accroissement de Y produit par la subdivision du seul élément $x_1 - x_0$ aura une valeur numérique inférieure à celle de la quantité

(36) $$\pm k \varepsilon_0 (x_1 - x_0),$$

le nombre ε_0 étant déterminé par une équation de la forme

(37) $$\pm \varepsilon_0 = f[x_0 + \theta(x_1 - x_0),\ y_0 \pm \Theta A (x_1 - x_0)] - f(x_0, y_0).$$

On prouverait de la même manière que l'accroissement de Y produit par la subdivision du seul élément $x_{m+1} - x_m$ [m désignant un nombre entier inférieur ou tout au plus égal à n] aurait une valeur numérique inférieure à celle de la quantité

(38) $$\pm k \varepsilon_m (x_{m+1} - x_m),$$

le nombre ε_m étant déterminé par une équation de la forme

(39) $$\pm \varepsilon_m = f[x_m + \theta(x_{m+1} - x_m),\ y_m \pm \Theta A (x_{m+1} - x_m)] - f(x_m, y_m).$$

Donc, si l'on subdivise, l'un après l'autre, les divers élémens représentés par les expressions (9), Y prendra une suite d'accroissemens dont les valeurs numériques seront inférieures aux valeurs numériques des quantités

(40) $\pm k(x_1-x_0)$, $\pm k(x_2-x_1)$, &c.... $\pm k(X-x_{n-1})$,

respectivement multipliées par des nombres

(41) ε_0, ε_1, &c.... ε_{n-1};

semblables à celui que détermine l'équation (39). Donc la somme de tous ces accroissemens, ou l'accroissement total de Y, obtiendra une valeur numérique plus petite que celle du polynome

(42) $\pm k\,\varepsilon_0(x_1-x_0) \pm k\,\varepsilon_1(x_2-x_1) \pm \ldots \pm k\,\varepsilon_{n-1}(X-x_{n-1})$.

Par conséquent, si l'on pose

(43) $\varepsilon_0(x_1-x_0)+\varepsilon_1(x_2-x_1)+\ldots+\varepsilon_{n-1}(X-x_{n-1}) = \varepsilon(X-x_0)$,

l'accroissement total de Y sera de la forme

(44) $\pm\,\Theta\,k\,\varepsilon\,(X-x_0)$.

Observons maintenant, 1.° que le nombre ε, déterminé par l'équation (43), est toujours une moyenne entre les nombres ε_0, ε_1, ... ε_{n-1}; 2.° que si les expressions (9) obtiennent de très-petites valeurs numériques, on pourra en dire autant des quantités

$$\varepsilon_0, \quad \varepsilon_1, \quad \ldots\ldots \quad \varepsilon_{n-1}, \quad \varepsilon,$$

et par suite de l'expression (44). Il en résulte qu'on n'altérera pas sensiblement la valeur de Y calculée pour un mode de division dans lequel les élémens de la différence $X-x_0$ ont des valeurs numériques très-petites, si l'on passe à un second mode dans lequel chacun de ces élémens se trouve subdivisé en plusieurs autres.

Concevons à présent que l'on considère à-la-fois deux modes de division de la différence $X-x_0$, dans chacun desquels les élémens de cette différence aient de très-petites valeurs numériques. On pourra comparer ces deux modes à un troisième tellement choisi que chaque élément, soit du premier, soit du second mode, se trouve formé par la réunion de plusieurs élémens du troisième. Pour que cette condition soit remplie, il suffira que toutes les valeurs de x interposées dans les deux premiers modes entre les limites x_0, X, soient employées dans le troisième ; et l'on prouvera que l'on altère très-peu la valeur de Y en passant du premier ou du second mode au troisième, par conséquent en passant du premier au second. Donc, lorsque les élémens de la différence $X-x_0$ deviennent infiniment petits, le mode de division n'a plus sur la valeur de Y qu'une influence insensible ; et si l'on fait décroître indéfiniment les valeurs numériques de ces élémens, en augmentant leur nombre, la valeur de Y convergera vers une certaine limite qui dépendra uniquement de la forme de la fonction $f(x, y)$, des valeurs extrêmes x_0, X, attribuées à la variable x, et de la quantité y_0.

Corollaire 1.er Comme la limite vers laquelle converge Y, tandis que les élémens de la différence $X-x_0$ deviennent infiniment petits, dépend uniquement des trois quantités

$$x_0, \quad X, \quad y_0,$$

nous désignerons cette limite par la notation

$$\mathfrak{F}(x_0, \ X, \ y_0),$$

que nous réduirons même à l'une des suivantes,

$$\mathfrak{F}(X, y_0), \quad \mathfrak{F}(X),$$

quand nous nous proposerons de faire varier les deux seules quantités X, y_0, ou la seule quantité X.

4.e Théorème. *Les mêmes choses étant admises que dans les théorèmes précédens, désignons par* $\mathfrak{F}(X)$ *la limite vers laquelle converge la valeur de* Y, *tandis que l'on fait décroître les valeurs numériques des élémens de la différence* $X-x_0$, *et par*

$$(45) \qquad y = \mathfrak{F}(x)$$

ce que devient cette limite quand on y remplace la quantité X *par* x. *y sera une fonction de* x, *qui aura la double propriété de se réduire à* y_0 *pour* $x = x_0$, *et de vérifier l'équation différentielle*

$$(1) \qquad dy = f(x, y)\, dx,$$

en restant continue par rapport à la variable x, *du moins pour toutes les valeurs de cette variable comprises entre les limites* x_0 *et* X.

Démonstration. L'équation (7) devant subsister, quelque petites que soient les valeurs numériques des élémens de la différence $X - x_0$, conservera encore la même forme si l'on y remplace Y par sa limite $\mathfrak{F}(X)$. On aura donc.

$$(46) \qquad \mathfrak{F}(X) = y_0 + (X - x_0) f[x_0 + \theta[(X - x_0), y_0 \pm \Theta A (X - x_0)],$$

θ et Θ désignant toujours deux nombres inférieurs à l'unité. En raisonnant de la même manière, on tirera de l'équation (15)

$$(47) \qquad \mathfrak{F}(X) - \mathfrak{F}(\xi) = (X - \xi) f[\xi + \theta(X - \xi), \mathfrak{F}(\xi) \pm \Theta A (X - \xi)].$$

Concevons maintenant que, les quantités variables x et $x + i$ étant renfermées entre les limites x_0 et X, l'on écrive, dans l'équation (46), x au lieu de X, puis, dans l'équation (47), x au lieu de ξ, et $x + i$ au lieu de X. On trouvera

$$(48) \qquad \mathfrak{F}(x) = y_0 + (x - x_0) f[x_0 + \theta(x - x_0), y_0 \pm \Theta A (x - x_0)]$$

et

$$(49) \qquad \mathfrak{F}(x + i) - \mathfrak{F}(x) = i f[x + \theta i, \mathfrak{F}(x) \pm \Theta A i].$$

Cela posé, il est facile de voir, 1.° que, si l'on prend $x = x_0$, la formule (48) donnera

$$(50) \qquad \mathfrak{F}(x_0) = y_0;$$

2.° que, si l'accroissement i attribué à la variable x devient infiniment petit, l'accroissement correspondant de la fonction $\mathfrak{F}(x)$, savoir, $\mathfrak{F}(x + i) - \mathfrak{F}(x)$, sera lui-même, en vertu de l'équation (49), une quantité infiniment petite. Ajoutons que de cette équation divisée par i

l'on conclura, en passant aux limites,

$$(51) \qquad \mathfrak{F}'(x) = f[x, \mathfrak{F}(x)].$$

Par conséquent, la fonction $y = \mathfrak{F}(x)$ remplira toutes les conditions énoncées dans le 4.e théorème.

Corollaire 1.er Si, pour mettre la quantité y_0 en évidence dans la limite de Y, on désignait cette limite par la notation

$$(52) \qquad \mathfrak{F}(X, y_0),$$

la fonction appelée y se présenterait sous la forme

$$(53) \qquad y = \mathfrak{F}(x, y_0).$$

Dans cette dernière équation, y_0 est évidemment une constante arbitraire. Ajoutons que, la quantité Y étant une fonction continue de y_0 [*voyez* le corollaire 2.e du second théorème], on pourra en dire autant de sa limite ou de l'expression (52), et par conséquent de la fonction $\mathfrak{F}(x, y_0)$.

HUITIÈME LEÇON.

Application de la Méthode exposée dans la septième Leçon à l'Intégration d'une Équation différentielle quelconque du premier ordre entre deux variables x, y. Limites des erreurs que l'on peut commettre en se servant de cette méthode pour la détermination numérique des Valeurs particulières de la variable y.

En démontrant les théorèmes énoncés dans la leçon précédente au sujet de l'équation différentielle

$$dy = f(x, y)\, dx, \tag{1}$$

nous avons supposé que les deux fonctions

$$f(x, y) \quad \text{et} \quad \chi(x, y) = \frac{df(x, y)}{dy} \tag{2}$$

demeuraient finies et continues, quelle que fût y, pour toutes les valeurs de x renfermées entre les quantités x_0, X. J'ajoute que les mêmes théorèmes subsisteront, toutes les fois que ces fonctions seront finies et continues par rapport aux variables x, y, dans le voisinage du système des valeurs particulières

$$x = x_0, \qquad y = y_0,$$

pourvu que l'on choisisse convenablement la quantité X. C'est effectivement ce qui résulte de la proposition nouvelle que nous allons établir.

1.er Théorème. *Concevons que, les expressions*

(3) $$f(x_0, y_0), \quad \chi(x_0, y_0)$$

étant des quantités finies, on désigne par A, C deux nombres supérieurs à leurs valeurs numériques, et par a une quantité positive ou négative, choisie de telle manière que, pour des valeurs de x renfermées entre les limites x_0, x_0+a, et pour des valeurs de y renfermées entre les limites $y_0 - Aa$, $y_0 + Aa$, les deux fonctions $f(x,y)$, $\chi(x,y)$ restent continues par rapport aux variables x, y, et demeurent comprises, la première entre les limites $-A$, $+A$, la seconde entre les limites $-C$, $+C$. Dans cette hypothèse, les théorèmes 1, 2, 3, 4 de la leçon précédente subsisteront encore, si l'on a pris pour X une moyenne entre les deux quantités x_0 et x_0+a.

Démonstration. Pour démontrer ce théorème, il suffit de faire voir que, dans l'hypothèse admise, les quantités $y_1, y_2, \ldots y_{n-1}$, Y déterminées par les équations

(4) $$\left\{\begin{array}{l} y_1 - y_0 = (x_1 - x_0) f(x_0, y_0), \\ y_2 - y_1 = (x_2 - x_1) f(x_1, y_1), \\ \&c. \ldots . \\ Y - y_{n-1} = (X - x_{n-1}) f(x_{n-1}, y_{n-1}), \end{array}\right.$$

seront toutes comprises entre les limites $y_0 - Aa$, $y_0 + Aa$. Or, si l'on ajoute entre elles celles des équations (4) qui renferment les quantités $y_0, y_1, \ldots y_m$, on obtiendra la formule

(5) $$\left\{\begin{array}{l} y_m - y_0 = (x_1 - x_0) f(x_0, y_0) + (x_2 - x_1) f(x_1, y_1) + \ldots \\ \qquad \ldots\ldots\ldots\ldots\ldots + (x_m - x_{m-1}) f(x_{m-1}, y_{m-1}); \end{array}\right.$$

dont le second membre est équivalent au produit de la différence $x_m - x_0$ par une moyenne entre les coefficiens

(6) $$f(x_0, y_0),\quad f(x_1, y_1),\quad \ldots\ldots\quad f(x_{m-1}, y_{m-1}).$$

De plus, la différence $x_m - x_0$ ayant une valeur numérique inférieure à celle de $X - x_0$, et par conséquent à celle de la quantité a, il est clair que la valeur numérique de y_m déterminée par la formule (5) sera comprise entre les limites $y_0 - Aa$, $y_0 + Aa$, si chacune des expressions (6) a une valeur numérique inférieure à A, ce qui arrivera nécessairement si les quantités $y_0, y_1 \ldots y_{m-1}$ se trouvent elles-mêmes renfermées entre les limites $y_0 - Aa$, $y_0 + Aa$. Donc, puisque cette condition se vérifie à l'égard de y_0, elle sera pareillement satisfaite à l'égard de y_1. Étant vérifiée pour y_0 et y_1, elle sera encore satisfaite à l'égard de y_2; étant vérifiée pour y_0, y_1 et y_2, elle sera satisfaite à l'égard de y_3; et ainsi de suite. Enfin, elle se vérifiera pour y_m [m désignant un nombre entier égal ou inférieur à n], et par conséquent pour tous les termes de la suite

(7) $$y_0,\quad y_1,\quad y_2,\quad \ldots\ldots\quad y_{n-1},\quad Y.$$

Corollaire 1.er Soient θ et Θ deux nombres qui varient entre les limites 0 et 1. Indiquons d'ailleurs à l'aide de la caractéristique M une moyenne entre plusieurs quantités données, en sorte que la notation

$$M(-A, +A)$$

représente une quantité comprise entre les limites $-A$, $+A$. Comme le nombre que nous avons ci-dessus désigné par C, peut être pris arbitrairement, pourvu qu'il surpasse la valeur numérique de $\chi(x_0, y_0)$, il est clair que la quantité a deviendra propre à vérifier les conditions auxquelles elle est assujettie dans le théorème 1.er, si l'on a choisi a et A de telle manière que les deux fonctions

(8) $$f(x_0 + \theta a,\ y_0 \pm \Theta A a),\quad \chi(x_0 + \theta a,\ y_0 \pm \Theta A a)$$

restent continues entre les limites $\theta = 0$, $\theta = 1$, $\Theta = 0$, $\Theta = 1$, et que l'on ait toujours entre ces limites

(9) $$f(x_0 + \theta a,\ y_0 \pm \Theta A a) = M(-A, +A).$$

Corollaire 2.e Supposons que parmi les valeurs de la quantité a pour lesquelles les conditions énoncées dans le premier théorème, ou plutôt dans son corollaire 1.er, peuvent être remplies, on choisisse celle qui est la plus grande, abstraction faite du signe. Dans cette hypothèse, l'équation (45) ou (53) de la 7.e leçon, savoir,

$$(10) \qquad y = \mathfrak{F}(x), \quad \text{ou} \quad y = \mathfrak{F}(x, y_0),$$

fournira une intégrale particulière de l'équation (1), pourvu qu'on assujettisse la variable x à demeurer comprise entre les limites x_0, $x_0 + a$.

Corollaire 3.e La quantité a étant déterminée comme on vient de le dire, si, dans l'équation (10), on remplace y_0 par une constante arbitraire $\mathcal{C}$, la formule qu'on obtiendra, savoir,

$$(11) \qquad y = \mathfrak{F}(x, \mathcal{C}),$$

représentera l'intégrale générale de l'équation (1), du moins pour certaines valeurs de x comprises entre certaines limites qui dépendront elles-mêmes de la valeur attribuée à la constante arbitraire. Concevons, en effet, qu'on désigne par α une quantité affectée du même signe que a, mais douée d'une valeur numérique moindre; soit de plus Θ un nombre inférieur à l'unité, et supposons

$$(12) \qquad \mathcal{C} = y_0 \pm \Theta A \alpha = M(y_0 - A\alpha,\ y_0 + A\alpha).$$

Comme on aura évidemment

$$(13) \qquad y_0 - Aa = \mathcal{C} - A(a \pm \Theta\alpha), \quad y_0 + Aa = \mathcal{C} + A(a \mp \theta\alpha),$$

on en conclura que les deux quantités $y_0 - Aa$, $y_0 + Aa$ comprennent entre elles les deux suivantes,

$$(14) \qquad \mathcal{C} - A(a - \alpha), \quad \mathcal{C} + A(a - \alpha);$$

puis, en raisonnant comme ci-dessus, on démontrera que la valeur de y donnée par la formule (11) est une fonction continue de x, et vérifie l'équation (1), tant que la constante arbitraire C demeure comprise entre les limites

$$y_0 - A\alpha, \quad y_0 + A\alpha,$$

et la variable x entre les limites

$$x_0, \quad x_0 + (a - \alpha).$$

La démonstration que nous avons donnée dans le théorème 1.er, peut être facilement étendue à deux propositions semblables qu'il est souvent utile de substituer à ce théorème, et que nous allons énoncer.

2.e Théorème. *Supposons que, les expressions* (3) *ayant des valeurs finies, et la première de ces valeurs étant positive ou nulle, on ait choisi le nombre* A *et la quantité* a *de manière que les deux fonctions*

$$(15) \qquad f(x_0 + \theta a, y_0 + \Theta A a), \quad \chi(x_0 + \theta a, y_0 + \Theta A a)$$

restent continues entre les limites $\theta = 0$, $\theta = 1$, $\Theta = 0$, $\Theta = 1$, *et que l'on ait toujours entre ces limites*

$$(16) \qquad f(x_0 + \theta a, y_0 + \Theta A a) = M(0, A).$$

Les théorèmes 1, 2, 3, 4 *de la leçon précédente subsisteront pour toutes les valeurs de* X *comprises entre les limites* x_0, $x_0 + a$.

3.e Théorème. *Supposons que, les expressions* (3) *ayant des valeurs finies, et la première étant négative ou nulle, on ait choisi le nombre* A *et la quantité* a *de manière que les deux fonctions*

$$(17) \qquad f(x_0 + \theta a, y_0 - \Theta A a), \quad \chi(x_0 + \theta a, y_0 - \Theta A a)$$

restent continues entre les limites $\theta = 1$, $\theta = 1$, $\Theta = 0$, $\Theta = 1$, *et que l'on ait toujours entre ces limites*

$$(18) \qquad f(x_0 + \theta a, y_0 - \Theta A a) = M(0, -A).$$

Les théorèmes 1, 2, 3, 4 de la leçon précédente subsisteront pour toutes les valeurs de X comprises entre les limites x_0, $x_0 + a$.

Parmi les valeurs de a qui remplissent les conditions énoncées dans le premier, le second, ou le troisième théorème, et qui vérifient en conséquence les formules (9), (16) ou (18), il est avantageux de choisir celle qui est la plus grande [abstraction faite du signe]. Pour montrer par un exemple comment on peut déterminer cette valeur, supposons que l'équation (1) se réduise à

$$(19) \qquad dy = \text{tang}(x+y) \,.\, dx,$$

et que les quantités x_0, y_0 s'évanouissent. Dans ce cas, on pourra satisfaire par des valeurs positives de a à l'équation (16), qui deviendra

$$(20) \qquad \text{tang}(\theta a + \Theta A a) = M(0, A).$$

Or, pour que la formule (20) soit toujours vraie, tandis que θ et Θ varient entre les limites 0 et 1, il est nécessaire que l'arc $a + Aa$ reste compris entre les limites 0, $\frac{\pi}{2}$, et qu'on ait

$$(21) \qquad \text{tang}(a + Aa) = M(0, A).$$

Pour déduire de cette dernière équation la plus grande valeur possible de a, l'arc $a + Aa$ demeurant inférieur à $\frac{\pi}{2}$, il suffit, 1.° de remplacer le second membre $M(0, A)$ par la quantité A, 2.° de joindre à la formule

$$(22) \qquad \text{tang}(a + Aa) = A, \quad \text{ou} \quad a = \frac{\text{arc tang}\, A}{1 + A},$$

celle que fournit le *maximum* de a considéré comme fonction de A, savoir,

$$(23) \qquad \frac{da}{dA} = 0, \quad \text{ou} \quad \frac{\text{arc tang}\, A}{1 + A} = \frac{1}{1 + A^2}.$$

Or, on satisfait aux équations (22) et (23) en prenant

$$(24) \qquad A = 1{,}229\ldots, \qquad a = 0{,}3983\ldots$$

Ainsi, dans l'hypothèse admise, la quantité positive $a = 1{,}229\ldots$ est la plus grande des valeurs de a propres à vérifier la formule (16). On prouverait de même que la quantité négative $a = -1{,}229\ldots$ est la plus grande [abstraction faite du signe] de celles qui sont propres à vérifier la formule (18). Comme les deux valeurs précédentes de a, réunies à la valeur correspondante de A, vérifient les conditions énoncées dans les 2.e et 3.e théorèmes à l'égard des fonctions (15) et (17); on peut conclure que la méthode d'intégration exposée dans la 7.e leçon fournira la valeur générale de y qui satisfait à l'équation (19), et s'évanouit avec la variable x, du moins tant que cette variable restera comprise entre les limites $a = -1{,}229\ldots$, $a = +1{,}229\ldots$

Si à l'équation (19) on substituait la suivante,

$$(25) \qquad dy = \operatorname{tang}(x^2 + y^2)\,.\,dx,$$

en supposant toujours $x_0 = 0$, $y_0 = 0$; la formule (16) se réduirait à

$$(26) \qquad \operatorname{tang}(\theta^2 a^2 + \Theta^2 A^2 a^2) = M(0, A),$$

et la plus grande valeur de a^2 propre à vérifier cette formule serait déterminée par le système des deux équations

$$(27) \qquad a^2 = \frac{\operatorname{arc\,tang} A}{1 + A^2},$$

et

$$(28) \qquad \frac{da}{dA} = 0, \qquad \text{ou} \qquad \operatorname{arc\,tang} A = \frac{1}{2A},$$

desquelles on conclurait

$$(29) \qquad A = 0{,}7654\ldots, \quad a^2 = 0{,}9653\ldots, \quad a = \pm 0{,}9824\ldots$$

Par conséquent, la méthode d'intégration exposée dans la 7.e leçon fournirait la valeur de y qui vérifie l'équation (25), et s'évanouit avec x, tant que la variable x resterait comprise entre les limites

$$-0{,}9824\ldots,\quad +0{,}9824\ldots$$

Considérons encore l'équation différentielle

$$(30)\qquad dy = \frac{dx}{x+y},$$

et supposons $x_0 = 1$, $y_0 = 0$. L'équation (16) donnera

$$(31)\qquad \frac{1}{1+\theta a+\Theta A a} = M(0, A),$$

et sera toujours vraie entre les limites $\theta = 0$, $\theta = 1$, $\Theta = 0$, $\Theta = 1$, si l'on prend $A = 1$, et si l'on attribue à la quantité a une valeur positive quelconque. Par suite, la plus grande des valeurs positives de a propres à vérifier l'équation (16) sera $a = \infty$; et, si l'on désigne par $y = \mathcal{F}(x)$ celle des intégrales particulières de l'équation (30) qui s'évanouit pour $x = 1$, la méthode exposée dans la septième leçon déterminera la valeur de $\mathcal{F}(x)$, tant que la variable x restera comprise entre les limites $x = 1$, $x = \infty$.

Il est facile de voir que l'équation (31) sera encore satisfaite, si, A étant un nombre supérieur à l'unité, on attribue à la quantité a une valeur négative comprise entre zéro et $-\frac{A-1}{A(A+1)}$. Or, parmi les valeurs négatives de a que fournit l'équation

$$(32)\qquad a = -\frac{A-1}{A(A+1)},$$

celle qui est la plus grande [abstraction faite du signe] se trouve déterminée par la formule

$$(33)\qquad \frac{da}{dA} = 0,\qquad \text{ou}\qquad A^2 - 2A = 1,$$

de laquelle on tire, A devant être supérieur à l'unité;

$$(34)\qquad A = 1+\sqrt{2},\quad a = -(3-2\sqrt{2}) = -0{,}1715\ldots$$

Par conséquent, la méthode exposée dans la 7.e leçon suffira encore pour fixer la valeur de $\mathcal{F}(x)$, tandis qu'on fera varier x entre les limites o et $-0,1715\ldots$

Il est essentiel d'observer que les quantités

$$(7)\qquad y_0,\ y_1,\ y_2 \ldots\ldots Y,$$

déterminées, à l'exception de la première, par les équations (4), resteront comprises entre les limites y_0 et y_0+Aa ou y_0-Aa, et formeront ou une série croissante, ou une série décroissante, toutes les fois que X sera renfermé entre x_0 et x_0+a, les quantités a et A étant choisies de manière à vérifier les conditions énoncées dans le second ou le troisième théorème. Il est aisé d'en conclure que, dans le cas dont il s'agit, la fonction $y=\mathcal{F}(x)$, donnée par l'équation (10), croîtra ou décroîtra toujours depuis $x=x_0$ jusqu'à $x=X$, sans pouvoir dépasser la limite y_0+Aa ou y_0-Aa.

Concevons maintenant que, la quantité a étant assujettie aux conditions énoncées dans le premier, le second ou le troisième théorème, la quantité X varie entre les limites x_0, x_0+a, et s'approche indéfiniment de la limite x_0+a. La valeur de $y=\mathcal{F}(x)$ correspondante à $x=X$, savoir, $\mathcal{F}(X)$, s'approchera elle-même indéfiniment d'une certaine limite qu'on pourra désigner par $\mathcal{F}(x_0+a)$, et qui sera comprise entre les deux quantités y_0-Aa, y_0+Aa. Cela posé, si les deux fonctions $\varphi(x,y)$, $\chi(x,y)$ restent continues dans le voisinage du système des valeurs particulières $x=x_0+a$, $y=\mathcal{F}(x_0+a)$, on prouvera, par des raisonnemens semblables à ceux dont nous avons déjà fait usage, que les théorèmes de la leçon précédente subsisteront, non-seulement lorsque la quantité X variera entre les limites x_0, x_0+a, mais encore tandis que cette quantité, ayant dépassé la limite x_0+a, s'approchera indéfiniment d'une nouvelle limite x_0+a_1. Par suite, on pourra calculer, avec telle approximation qu'on voudra, les valeurs de $\mathcal{F}(X)$ correspondantes à des valeurs de X comprises entre x_0 et x_0+a_1.

Si d'ailleurs les fonctions $f(x, y)$, $\chi(x, y)$ restent continues dans le voisinage du système des valeurs particulières $x = x_0 + a_1$, $y = \mathcal{F}(x_0 + a_1)$, on déterminera encore une valeur de x située au-delà de la limite $x_0 + a_1$, et vers laquelle on pourra faire converger la quantité X dans la fonction $\mathcal{F}(X)$. Désignons par $x_0 + a_2$ cette nouvelle limite, et continuons de même. Les quantités

$$(35) \qquad x_0 + a, \quad x_0 + a_1, \quad x_0 + a_2, \quad \&c....$$

formeront une série croissante ou décroissante, et leurs valeurs numériques finiront par surpasser tout nombre donné, ou par s'approcher indéfiniment d'une certaine limite. Dans le premier cas, la quantité X pourra croître ou décroître indéfiniment, de manière à devenir supérieure ou inférieure à toute quantité donnée. Dans le second cas, la quantité X pourra s'approcher indéfiniment de la limite vers laquelle convergeront les différens termes de la série (35). Soit Ξ cette même limite. La limite correspondante vers laquelle convergeront les valeurs de $y = \mathcal{F}(x)$, pourra être désignée par $\mathcal{F}(\Xi)$; et, pour qu'on ne puisse plus faire passer la quantité X au-delà de la limite Ξ, dans la fonction $\mathcal{F}(X)$, il sera nécessaire, ou que la quantité $\mathcal{F}(\Xi)$ soit infinie, ou que l'une des fonctions

$$(36) \qquad \varphi[x, \mathcal{F}(x)], \quad \chi[x, \mathcal{F}(x)],$$

devienne infinie pour la valeur particulière $x = \Xi$, ou enfin que l'une de ces fonctions devienne discontinue dans le voisinage de la valeur particulière dont il s'agit.

Afin de montrer l'application de ces principes généraux à un exemple, concevons que $y = \mathcal{F}(x)$ représente celle des intégrales particulières de l'équation (30) qui s'évanouit pour $x = 1$; et cherchons les valeurs qu'on devra, dans ce cas, attribuer aux constantes a, a_1, a_2, ..., en les supposant négatives, et les plus grandes possibles [abstraction faite du signe]. Ces valeurs seront propres à vérifier des équations semblables à l'équation (31), c'est-à-dire, de la forme

$$\frac{1}{x_0+\mathfrak{F}(x_0)+(\theta+\Theta A)a}=M(0,A),\ \frac{1}{x_0+a_1+\mathfrak{F}(x_0+a)+(\theta+\Theta A_1)(a_1-a)}=M(0,A_1)$$

$$\frac{1}{x_0+a_1+\mathfrak{F}(x_0+a_1)+(\theta+\Theta A_2)(a_2-a_1)}=M(0,A_2),\ \&c.\ldots$$

tant que les nombres θ et Θ resteront compris entre les limites 0 et 1 Or, on satisfait à cette condition en prenant

$$a=-\frac{A[x_0+\mathfrak{F}(x_0)]-1}{A(A+1)},\quad a_1-a=-\frac{A_1[x_0+a+\mathfrak{F}(x_0+a)]-1}{A_1(A_1+1)},$$

$$a_2-a_1=-\frac{A_2[x_0+a_1+\mathfrak{F}(x_0+a_1)]-1}{A_2(A_2+1)},\ \&c.\ldots,$$

et généralement [m désignant un nombre entier quelconque]

$$(37)\qquad a_m-a_{m-1}=-\frac{A_m[x_0+a_{m-1}+\mathfrak{F}(x_0+a_{m-1})]-1}{A_m(A_m+1)}.$$

Ajoutons que la valeur de a_m déterminée par la formule (37) deviendra la plus grande possible [abstraction faite du signe], si l'on choisit A_m de manière à vérifier l'équation

$$(38)\qquad A_m^2-\frac{2A_m+1}{x_0+a_{m-1}+\mathfrak{F}(x_0+a_{m-1})}=0,$$

et si l'on prend en conséquence

$$(39)\qquad A_m=\frac{1+\sqrt{1+x_0+a_{m-1}+\mathfrak{F}(x_0+a_{m-1})}}{x_0+a_{m-1}+\mathfrak{F}(x_0+a_{m-1})},$$

$$(40)\qquad a_m=-2-x_0-\mathfrak{F}(x_0+a_{m-1})+2\sqrt{1+x_0+a_{m-1}+\mathfrak{F}(x_0+a_{m-1})}.$$

Comme on a d'ailleurs, par hypothèse, $x_0=1$, $\mathfrak{F}(x_0)=0$, la formule (40) se réduira simplement à

$$(41)\qquad a_m=-3-\mathfrak{F}(1+a_{m-1})+2\sqrt{2+a_{m-1}+\mathfrak{F}(1+a_{m-1})},$$

et l'on en tirera successivement

$$(42)\quad a=-3+2\sqrt{2},\ a_1=-3+\mathfrak{F}(1+a)+2\sqrt{2+a+\mathfrak{F}(1+a)},\ \&c.,$$

Si, à l'aide de ces dernières équations et de la méthode exposée dans la septième leçon, on détermine l'une après l'autre les quantités (35), ou, ce qui revient au même, les suivantes,

$$(43) \qquad 1+a, \quad 1+a_1, \quad 1+a_2, \quad \&c\ldots,$$

on obtiendra une série composée de termes qui décroîtront sans cesse et qui convergeront vers une certaine limite. Désignons par Ξ cette limite. On aura sensiblement, pour de très-grandes valeurs de m,

$$1+a_m = 1+a_{m-1} = \Xi;$$

et, en conséquence, la formule (41) donnera

$$(44) \qquad 2+\Xi+\mathcal{F}(\Xi) = 2\sqrt{1+\Xi+\mathcal{F}(\Xi)}, \quad \text{ou} \quad \Xi+\mathcal{F}(\Xi)=0.$$

Donc la valeur particulière $x=\Xi$ rendra infinie la fonction

$$(45) \qquad f[x, \mathcal{F}(x)] = \frac{1}{x+\mathcal{F}(x)},$$

qui sert de coefficient à dx dans le second membre de l'équation (30). Cette conclusion s'accorde avec la remarque générale que nous avons faite ci-dessus.

On ne doit pas s'étonner de voir que dans certains cas la méthode de la septième leçon ne fournisse le moyen de calculer des quantités réelles propres à représenter les valeurs successives d'une intégrale particulière d'une équation différentielle donnée, qu'autant qu'on suppose les valeurs correspondantes de la variable indépendante x renfermées entre certaines limites. En effet, parmi les équations différentielles qui peuvent s'intégrer par des méthodes rigoureuses, il en existe beaucoup dont les intégrales particulières ne sauraient être étendues à des valeurs quelconques de la variable x, en demeurant toujours réelles. Telle est, par exemple, l'équation (30). Si, après l'avoir présentée sous la forme

$$(46) \qquad \frac{dx+dy}{x+y+1} = dy,$$

on intègre ses deux membres, en assujettissant y à s'évanouir pour $x=1$, on trouvera

$$(47)\qquad l(x+y+1)-l(2)=y,$$

et par suite

$$(48)\qquad x=2e^y-y-1.$$

Or, il est aisé de voir que le second membre de l'équation précédente admet une valeur *minimum* déterminée par la formule

$$(49)\qquad 2e^y=1,$$

de laquelle on tire, en ayant égard à l'équation (48),

$$(50)\qquad y=-l(2)=-0,6931\ldots \quad \text{et} \quad x=l(2)=0,6931\ldots$$

Donc, si l'on désigne par $y=\mathcal{F}(x)$ l'intégrale particulière que fournit l'équation (48), cette intégrale ne pourra s'étendre, sans cesser d'être réelle, à des valeurs de x plus petites que la limite $x=l(2)$, à laquelle correspondent une valeur nulle de $x+\mathcal{F}(x)$ et une valeur infinie de $\frac{1}{x+\mathcal{F}(x)}$. On se trouve ainsi ramené à la conclusion précédemment déduite de la formule (44).

NEUVIÈME LEÇON.

Limites des Erreurs que l'on peut commettre en se servant de la Méthode exposée dans la septième leçon pour le calcul numérique des Valeurs particulières de la variable y, considérée comme fonction de x, et déterminée par une équation différentielle du premier ordre.

SUPPOSONS que, la fonction y étant assujettie, 1.° à vérifier l'équation différentielle

(1) $$dy = f(x, y)\, dx,$$

2.° à prendre la valeur particulière y_0, pour $x = x_0$, on demande non pas la valeur générale, mais une nouvelle valeur particulière de y; par exemple, celle qui correspond à $x = X$. Cette valeur différera très-peu de la quantité Y déterminée par les équations (4) de la leçon précédente, si l'on attribue aux élémens de la différence $X - x_0$, c'est-à-dire aux quantités

(2) $$x_1 - x_0, \quad x_2 - x_1, \quad \ldots \quad X - x_{n-1},$$

de très-petites valeurs numériques, et si l'on a d'ailleurs

(3) $$X = M\,(x_0, x_0 + a),$$

la quantité a étant choisie de manière à remplir les conditions énoncées dans le premier, le second ou le troisième théorème. De plus, comme, pour passer de la quantité Y à la valeur cherchée de y, il suffira de subdiviser les expressions (2) en élémens infiniment petits, il est clair que, si l'on remplace cette valeur par Y, l'erreur commise en plus ou en moins sera représentée par une expression semblable [abstraction faite du signe] au produit (44) de la septième leçon. Cette erreur sera donc inférieure à

(4) $$k\,H\,\varepsilon,$$

H désignant la valeur numérique de $X - x_0$, k l'exponentielle e^{CH}, et ε une moyenne entre les nombres

(5) $$\varepsilon_0,\quad \varepsilon_1,\quad \ldots\ldots\quad \varepsilon_{n-1},$$

déterminés par des équations de la forme

(6) $$\pm\varepsilon_m = f[x_m + \theta(x_{m+1} - x_m),\ y_m \pm \Theta A(x_{m+1} - x_m)] - f(x_m, y_m).$$

Cela posé, concevons que chacun des élémens de la différence $X - x_0$ soit renfermé entre les limites $\pm\delta$, δ étant une quantité positive. Les nombres ε_0, ε_1, ... ε_{n-1} ne surpasseront jamais la plus grande valeur numérique que puisse recevoir la quantité

(7) $$f(x \pm \theta\delta,\ y \pm \Theta A\delta) - f(x, y),$$

tandis que l'on y fait varier x et $x \pm \theta\delta$ entre les limites x_0, X; y et $y \pm \Theta A\delta$, entre les limites y_0, $y_0 \pm \Theta A\alpha$; enfin θ et Θ entre les limites o et 1. Donc, si l'on nomme $\mathfrak{D}$ cette plus grande valeur numérique, ε restera toujours inférieur à $\mathfrak{D}$, et l'erreur commise au produit

(8) $$k\,H\,\mathfrak{D}.$$

Ajoutons, 1.° que, dans l'expression (7), le produit $\theta\delta$ devra être affecté du signe $+$ ou du signe $-$, suivant que la différence $X - x_0$ sera positive ou négative; 2.° que, dans la même expression, le double signe placé devant le produit $\Theta A\delta$ devra être réduit au signe $+$, si la quantité a vérifie la formule (16) de la leçon précédente, et au signe $-$, si la quantité a vérifie la formule (18).

Il est très-facile d'obtenir un nombre plus grand que $\mathfrak{D}$, quand, pour toutes les valeurs des variables x, y, comprises entre les limites x_0, $x_0 + a$; $y_0 - Aa$, $y_0 + Aa$, la fonction

(9) $$\varphi(x, y) = \frac{df(x, y)}{dx}$$

reste finie et continue, aussi bien que les fonctions $f(x, y)$ et $\chi(x, y)$.

Admettons, en effet, cette supposition, et désignons par B, C deux nombres égaux ou supérieurs aux plus grandes valeurs numériques que puissent obtenir les fonctions $\varphi(x,y)$, $\chi(x,y)$, tandis que x et y varient entre les limites dont il s'agit. La dérivée de la fonction (7) par rapport à δ, savoir,

$$(10) \qquad \pm\theta\varphi(x\pm\theta\delta,\ y\pm\Theta A\delta)\pm\Theta A\chi(x\pm\theta\delta,\ y\pm\Theta A\delta),$$

aura évidemment une valeur numérique inférieure à la somme $B+AC$, et l'on doit en dire autant de toute expression dans laquelle se changerait cette dérivée, si l'on y multipliait le nombre δ par un coefficient plus petit que l'unité. Or, en vertu de la formule (7) de la septième leçon du calcul différentiel, il existe une expression de cette nature qui équivaut au rapport

$$(11) \qquad \frac{f(x\pm\theta\delta,\ y\pm\Theta A\delta)-f(x,y)}{\delta}:$$

Donc la plus grande valeur numérique de ce rapport, ou la fraction

$$\frac{\mathfrak{D}}{\delta}$$

sera inférieure elle-même à la somme $B+AC$, et le nombre $\mathfrak{D}$ ne pourra surpasser le produit

$$(12) \qquad (B+AC)\,\delta.$$

En écrivant ce produit à la place de $\mathfrak{D}$ dans la formule (8), on trouvera pour limite de l'erreur commise $(B+AC)kH\delta$, ou

$$(13) \qquad (B+AC)\,He^{CH}\,\delta.$$

Il est essentiel d'observer que, si la quantité a vérifie la formule (16) ou (18) de la leçon précédente, on pourra prendre pour B et C les plus grandes des valeurs numériques que reçoivent les fonctions $\varphi(x,y)$ et $\chi(x,y)$, tandis qu'on y fait varier x entre les limites x_0, x_0+a, et y entre les limites y_0, y_0+Aa, ou y_0 et y_0-Aa.

Si la fonction $\varphi(x, y)$ devenait infinie pour $x = x_0$, la quantité B étant alors infinie, on ne pourrait plus appliquer la formule (13) à l'évaluation de l'erreur commise, quelque petite que fût d'ailleurs la différence de X à x_0. Mais, dans ce cas même, il sera ordinairement facile de déterminer un nombre supérieur à $\mathfrak{D}$, par la méthode que nous allons indiquer.

Si, après avoir remplacé δ par t dans l'expression (10), et multiplié cette expression par dt, on intègre le produit entre les limites $t = 0$, $t = \delta$, l'intégrale qui en résultera, savoir

$$(14) \quad \int_0^\delta [\pm\theta\varphi(x\pm\theta t,\ y\pm\Theta A t)\pm\Theta A\chi(x\pm\theta t,\ y\pm\Theta A t)]\,dt,$$

sera précisément équivalente à la quantité (7). Ajoutons que, dans cette intégrale, comme dans l'expression (7), θ devra être précédé du signe $+$ ou du signe $-$ suivant que la différence $X - x_0$ sera positive ou négative, tandis que le signe $\pm$ placé devant Θ devra être réduit au signe $+$ si la quantité a vérifie la formule (16) de la huitième leçon, et au signe $-$ si cette quantité vérifie la formule (18). Soient maintenant $f(t)$ la fonction comprise sous le signe $\int$, dans la même intégrale, et $\mathfrak{C}$ une autre fonction de t, qui reste constamment positive et supérieure à la valeur numérique de $f(t)$, entre les limites $t = 0$, $t = \delta$. Comme, entre ces limites, les deux binomes

$$\mathfrak{C} - f(t), \quad \mathfrak{C} + f(t)$$

conserveront toujours des valeurs positives, on pourra en dire autant des deux intégrales

$$(15) \quad \left\{ \begin{aligned} \int_0^\delta [\mathfrak{C} - f(t)]\,dt &= \int_0^\delta \mathfrak{C}\,dt - \int_0^\delta f(t)\,dt, \quad \text{et} \\ \int_0^\delta [\mathfrak{C} + f(t)]\,dt &= \int_0^\delta \mathfrak{C}\,dt + \int_0^\delta f(t)\,dt; \end{aligned} \right.$$

et par conséquent l'expression $\int_0^\delta f(t)\,dt$, ou l'intégrale (14), aura une valeur numérique inférieure à la quantité positive

$$(16) \qquad \int_0^\delta \mathfrak{C}\, dt.$$

Il sera donc permis de substituer au nombre $\mathfrak{D}$ l'intégrale (16), et la recherche de ce nombre se trouvera réduite à celle de la fonction $\mathfrak{C}$.

Lorsque, pour des valeurs des variables x, y, renfermées entre les limites x_0, $x_0 + a$; $y_0 - Aa$, $y_0 + Aa$, les deux fonctions $\varphi(x, y)$, $\chi(x, y)$ conservent toujours des valeurs finies et inférieures [abstraction faite du signe] aux deux nombres B et C, la valeur numérique de $f(t)$ ne surpasse point la somme $(B + AC)$, et, en substituant cette somme à la fonction $\mathfrak{C}$, on réduit l'intégrale (16) à l'expression (12).

Lorsque $\varphi(x, y)$ devient infinie pour $x = x_0$, la fonction $\mathfrak{C}$ ne peut plus être remplacée par la somme $B + AC$, ni même par une quantité constante. Supposons, par exemple,

$$(17) \qquad f(x, y) = f_1(x, y) + (x - x_0)^\mu f_2(x, y),$$

μ représentant un nombre inférieur à l'unité, et $f_1(x, y)$, $f_2(x, y)$ deux fonctions nouvelles qui conservent, ainsi que leurs dérivées du premier ordre, des valeurs finies pour $x = x_0$. Soient en outre

$$\varphi_1(x, y), \quad \varphi_2(x, y); \quad \chi_1(x, y), \quad \chi_2(x, y),$$

les dérivées des fonctions $f_1(x, y)$, $f_2(x, y)$, par rapport aux deux variables x, y; et A_1, A_2; B_1, B_2; C_1, C_2, des nombres égaux ou supérieurs aux plus grandes valeurs numériques que ces fonctions et leurs dérivées puissent acquérir entre les limites

$$x = x_0, \quad x = x_0 + a; \quad y = y_0 - Aa, \quad y = y_0 + Aa.$$

On aura

$$(18) \qquad \begin{cases} \varphi(x, y) = \varphi_1(x, y) + (x - x_0)^\mu \varphi_2(x, y) + \dfrac{\mu}{(x - x_0)^{1-\mu}} f_2(x, y), \\ \chi(x, y) = \chi_1(x, y) + (x - x_0)^\mu \chi_2(x, y), \end{cases}$$

$$(19)\quad f(t) = \pm\theta\varphi_1(x\pm\theta t,\ y\pm\Theta At) \pm \Theta A\chi_1(x\pm\theta t,\ y\pm\Theta At)$$
$$+ (x-x_0\pm\theta t)^\mu\,[\pm\theta\varphi_2(x\pm\theta t,\ y\pm\Theta At)\pm\Theta A\chi_2(x\pm\theta t,\ y\pm\Theta At)]$$
$$\pm \frac{\mu\theta}{(x-x_0\pm\theta t)^{1-\mu}} f_2(x\pm\theta t, y\pm\Theta At).$$

Il reste à trouver une fonction $\mathfrak{T}$ de la variable t qui demeure constamment positive et supérieure à la valeur numérique de $f(t)$, tandis qu'on fera varier t entre les limites 0, δ; θ et Θ entre les limites 0 et 1; x et $x\pm\theta t$ entre les limites x_0, X; enfin, y et $y\pm\Theta At$ entre les limites $y_0 - Aa$, $y_0 + Aa$; en plaçant devant le nombre θ, dans la formule (19), le signe qui appartient à la différence $X - x_0$, et considérant par suite $x - x_0$, et $\pm\theta t$, comme deux quantités de même signe. Or, il est facile de voir qu'on obtiendra une fonction de t propre à remplir toutes ces conditions, si l'on remplace, dans le second membre de la formule (19), les polynomes

$$\pm\theta\varphi_1(x\pm\theta t,\ y\pm\Theta At)\pm\Theta A\chi_1(x\pm\theta t,\ y\pm\Theta At),$$

et

$$\pm\theta\varphi_2(x\pm\theta t,\ y\pm\Theta At)\pm\Theta A\chi_2(x\pm\theta t,\ y\pm\Theta At)$$

par les deux sommes $B_1 + AC_1$ et $B_2 + AC_2$; la fonction

$$f_2(x\pm\theta t,\ y\pm\Theta At)$$

par A_2; la puissance $(x - x_0 \pm \theta t)^\mu$ par la valeur numérique de $(X - x_0)^\mu$, c'est-à-dire par H^μ; enfin le rapport $\pm\frac{\mu\theta}{(x-x_0\pm\theta t)^{1-\mu}}$, par l'expression $\frac{\mu\theta}{(\theta t)^{1-\mu}} = \theta^\mu \mu t^{\mu-1}$, à laquelle on peut substituer le produit $\mu t^{\mu-1}$. En conséquence, on pourra prendre

$$(20)\qquad \mathfrak{T} = B_1 + AC_1 + (B_2 + AC_2)H^\mu + A_2 t^{\mu-1},$$

et l'on en conclura

$$(21)\qquad \int_0^{\delta} \mathfrak{T}\,dt = [B_1 + AC_1 + (B_2 + AC_2)H^{\mu}]\,\delta + A_2\,\delta^{\mu}.$$

Si, au lieu de déterminer la fonction $f(x, y)$ par le moyen de l'équation (17), on avait supposé

$$(22)\qquad f(x, y) = f_1(x, y) + (x - x_0)\,l(x - x_0).f_2(x, y),$$

on aurait trouvé

$$(23)\qquad \begin{cases} \phi(x,y) = \phi_1(x,y) + (x - x_0)\,l(x - x_0).\phi_2(x,y) + [1 + l(x - x_0)]f_2(x,y), \\ \chi(x,y) = \chi_1(x,y) + (x - x_0)\,l(x - x_0).\chi_2(x,y); \end{cases}$$

puis, en raisonnant comme ci-dessus, on serait parvenu, pour de petites valeurs du nombre δ, aux équations

$$(24)\qquad \mathfrak{T} = B_1 + AC_1 + (B_2 + AC_2)H^{\mu} + A_2[1 + l(t)],$$

$$(25)\qquad \int_0^{\delta} \mathfrak{T}\,dt = [B_1 + AC_1 + (B_2 + AC_2)H^{\mu}]\,\delta + A_2\,\delta\, l(\delta).$$

Supposons enfin

$$(26)\qquad f(x, y) = u f_1(x,y) + v f_2(x,y) + w f_3(x,y) + \&c....$$

$f_1(x, y)$, $f_2(x, y)$, $f_3(x, y)$, ... étant des fonctions nouvelles, qui conservent, ainsi que leurs dérivées du premier ordre, des valeurs finies pour $x = x_0$, et u, v, w ... désignant des fonctions de la seule variable x. Si l'on représente par

$$U,\quad V,\quad W\ ......$$

les plus grandes valeurs numériques que puissent acquérir u, v, w ... entre les limites $x = x_0$, $x = X$; par

$$\mathrm{f}_1(t),\quad \mathrm{f}_2(t),\quad \mathrm{f}_3(t),\ .....$$

ce que deviennent u, v, w . . . , quand on y remplace x par $x \pm \theta t$; et par

$$\mathcal{T}_1, \quad \mathcal{T}_2, \quad \mathcal{T}_3 \ldots\ldots\ldots$$

des fonctions positives de t, qui, entre les limites $t=0$, $t=\delta$, surpassent constamment les valeurs numériques de $f_1(t)$, $f_2(t)$, $f_3(t)$, &c... ; on trouvera, en conservant d'ailleurs des notations semblables à celles dont nous avons déjà fait usage,

$$(27) \qquad \mathcal{T} = (B_1 + AC_1)\,U + (B_2 + AC_2)\,V + (B_3 + AC_3)\,W + \ldots + A_1\mathcal{T}_1 + A_2\mathcal{T}_2 + A_3\mathcal{T}_3 + \ldots .$$

et par suite

$$(28) \qquad \int_0^\delta \mathcal{T}dt = [(B_1 + AC_1)\,U + (B_2 + AC_2)\,V + (B_3 + AC_3)\,W + \ldots]\,\delta + A_1\int_0^\delta \mathcal{T}_1\,dt + A_2\int_0^\delta \mathcal{T}_2\,dt + A_3\int_0^\delta \mathcal{T}_3\,dt + \ldots$$

Si l'on fait en particulier

$$(29) \qquad u = x^\lambda, \qquad v = x^\mu, \qquad w = x^\nu, \quad \&c\ldots.$$

λ, μ, ν ... étant des nombres inférieurs à l'unité, les équations (26) et (28) deviendront respectivement

$$(30) \quad f(x,y) = x^\lambda f_1(x,y) + x^\mu f_2(x,y) + x^\nu f_3(x,y) + \ldots$$

$$(31) \quad \int_0^\delta \mathcal{T}dt = [(B_1 + AC_1)H^\lambda + (B_2 + AC_2)H^\mu + (B_3 + AC_3)H^\nu + \ldots]\,\delta + A_1\delta^\lambda + A_2\delta^\mu + A_3\delta^\nu + \&c\ldots.$$

Concevons maintenant que l'on se propose de calculer la valeur de y correspondante à $x = X$, avec un degré donné d'approximation, par exemple, de manière que l'erreur commise soit inférieure à une unité décimale de l'ordre m, c'est-à-dire, à $\left(\frac{1}{10}\right)^m$. Pour y parvenir, il suffira d'attribuer au nombre δ une valeur telle que l'expression (8) ne surpasse pas $\left(\frac{1}{10}\right)^m$, et par conséquent, telle que l'on ait

$$(32) \qquad \mathfrak{D} < \frac{e^{-CH}}{(10)^m H};$$

puis, de prendre pour élémens de la différence $X - x_0$ des quantités qui soient inférieures, abstraction faite du signe, à ce même nombre. Dans le cas où il sera permis de substituer au nombre $\mathfrak{D}$ l'expression (12), on vérifiera la formule (32), en supposant

$$(33) \qquad \delta < \frac{e^{-CH}}{(10)^m (B+AC)H}.$$

Dans le cas contraire, on facilitera la recherche du nombre δ, en remplaçant le nombre $\mathfrak{D}$ par l'une des expressions (16), (21), (25), (28), (31), &c..... Si l'on adopte en particulier la valeur de $f(x, y)$ que fournit l'équation (17), on abaissera l'erreur commise au-dessous de $\left(\frac{1}{10}\right)^m$, en choisissant δ de manière à vérifier la condition

$$(34) \quad [B_1 + AC_1 + (B_2 + AC_2) H^\mu]\,\delta + A\,\delta^\mu < \frac{e^{-CH}}{(10)^m H}.$$

Si l'on adoptait la valeur de $f(x, y)$ donnée par l'équation (30), on devrait à la formule (34) substituer la suivante

$$(35) \left\{\begin{array}{l} [(B_1 + AC_1)H^\lambda + (B_2 + AC_2)H^\mu + (B_3 + AC_3)H^\nu + \ldots]\,\delta \\ + A_1\,\delta^\lambda + A_2\,\delta^\mu + A_3\,\delta^\nu + \ldots \end{array}\right\} < \frac{e^{-CH}}{(10)^m H}.$$

Pour faire mieux comprendre les principes que nous venons d'établir, appliquons-les à quelques exemples; et d'abord supposons que la variable y doive vérifier l'équation différentielle

(36) $$dy = \cos\left(\frac{x+y}{5}\right).dx.$$

Comme on aura, dans cette hypothèse,

$$f(x,y) = \cos\left(\frac{x+y}{5}\right), \quad \varphi(x,y) = \chi(x,y) = -\frac{1}{5}\sin\left(\frac{x+y}{5}\right),$$

il est clair que les trois fonctions $f(x,y)$, $\varphi(x,y)$, $\chi(x,y)$, resteront finies et continues pour des valeurs quelconques des variables x, y. De plus, les valeurs numériques de la fonction $f(x, y)$ et de ses dérivées étant toujours ou égales ou inférieures aux deux nombres 1 et $\frac{1}{5}$, on pourra prendre

$$A = 1, \quad B = C = \frac{1}{5},$$

quelles que soient d'ailleurs les quantités représentées par x_0, X et y_0. Cela posé, on conclura de la formule (33) que, pour réduire au-dessous de $\left(\frac{1}{10}\right)^m$ l'erreur commise dans le calcul d'une valeur particulière de y, il suffira de choisir δ de manière que l'on ait

(37) $$\delta < \frac{5}{2(10)^m H} e^{-\frac{H}{5}}.$$

Concevons, pour fixer les idées, que l'on assujettisse la variable y à s'évanouir avec x, et qu'on veuille obtenir à un dixième près la valeur de y correspondante à $x = 1$. On aura, dans ce cas,

$$m = 1, \quad x_0 = 0, \quad y_0 = 0, \quad X = 1, \quad X - x_0 = H = 1;$$

et comme la formule (37) donnera

(38) $$\delta < \frac{1}{4}(2,71828\ldots)^{-\frac{1}{5}} = 0,2046\ldots,$$

on peut affirmer que l'erreur commise sera inférieure à $\frac{1}{10}$, si chacun des élémens de la différence $X - x_0$ est inférieur à 0,2046... Cette condition sera remplie, si l'on partage $X - x_0 = 1$ en cinq élémens dont chacun soit égal à 0,2. Faisons, en conséquence,

$$x_1 = 0,2\,;\quad x_2 = 0,4\,;\quad x_3 = 0,6\,;\quad x_4 = 0,8.$$

Les formules (4) de la leçon précédente donneront

$$y_1 = 0,2, \qquad \frac{x_1 +}{5} = 0,08 \qquad = (0,0509..)\frac{\pi}{2},$$

$$y_2 = 0,2 + 0,2 . \cos(5^d,09') \qquad = 0,399.., \quad \frac{x_2 + y_2}{5} = 0,1598.. = (0,1017..)\frac{\pi}{2}.$$

$$y_3 = 0,399.. + 0,2 . \cos(10^d,17') = 0,596.., \quad \frac{x_3 + y_3}{5} = 0,2393.. = (0,1523..)\frac{\pi}{2},$$

$$y_4 = 0,596.. + 0,2 . \cos(15^d,23') = 0,791.., \quad \frac{x_4 + y_4}{5} = 0,3182.. = (0,2025..)\frac{\pi}{2},$$

$$Y = 0,791.. + 0,2 . \cos(20^d,25') = 0,981...$$

Donc la valeur cherchée de y différera très-peu du nombre 0,981... ; et si on la suppose égale à ce nombre, l'erreur commise sera au-dessous d'un dixième. Il est facile de vérifier cette conclusion. En effet, on tire de l'équation (36)

$$dy + dx = 2\cos^2\left(\frac{x+y}{10}\right).dx, \qquad \frac{dx}{5} = \frac{d\left(\frac{x+y}{10}\right)}{\cos^2\left(\frac{x+y}{10}\right)}\,;$$

puis, en intégrant les deux nombres de manière que y s'évanouisse avec x,

$$(39) \qquad \frac{x}{5} = \operatorname{tang}\left(\frac{x+y}{10}\right), \qquad y = -x + 10 \operatorname{arc\,tang}\frac{x}{5}.$$

Si maintenant on pose $x = 1$, on trouvera

$$(40) \qquad y = 10 \operatorname{arc\,tang}\left(\frac{1}{5}\right) - 1 = 0,973...$$

Par conséquent, l'erreur que l'on commettait en prenant le nombre 0,981... pour valeur approchée de y, était inférieure à un dixième, et même à un centième.

Si à l'équation (36) on substituait la suivante

$$(41) \qquad dy = \frac{dx}{1+x^2+y^2},$$

on aurait

$$f(x,y) = \frac{1}{1+x^2+y^2}, \quad \varphi(x,y) = -\frac{2x}{(1+x^2+y^2)^2}, \quad \chi(x,y) = -\frac{2y}{(1+x^2+y^2)^2},$$

Or, les valeurs *maxima* des rapports $\frac{1}{1+x^2}$ et $\frac{2x}{(1+x^2)^2}$ étant représentées par les deux nombres 1 et $\frac{3\sqrt{3}}{8}$, il est clair que ces deux nombres seront toujours supérieurs, le premier à la valeur numérique de la fonction $f(x,y)$, le second aux valeurs numériques des deux fonctions dérivées $\varphi(x,y)$, $\chi(x,y)$. On pourra donc prendre

$$A = 1, \quad B = C = \frac{3\sqrt{3}}{8}, \quad B + AC = \frac{3\sqrt{3}}{4},$$

quelles que soient d'ailleurs les quantités x_0, X et y_0. On en conclura que pour réduire au-dessous de $\left(\frac{1}{10}\right)^m$ l'erreur commise dans le calcul d'une valeur particulière de y, il suffira de choisir δ de manière à vérifier la formule

$$(42) \qquad \delta < \frac{4\sqrt{3}}{9(10)^m H} e^{-\frac{3}{8}H\sqrt{3}}$$

On doit remarquer que l'équation (41) est du nombre de celles qu'on ne sait pas intégrer par des méthodes rigoureuses.

Considérons encore l'équation différentielle

$$(43) \qquad dy = \operatorname{tang}(x^2+y^2) . dx,$$

et supposons que la fonction y doive s'évanouir avec x. On pourra, comme on l'a prouvé dans la leçon précédente, se servir des formules (4) de la page 55 pour calculer les valeurs particulières de y qui correspondront à des valeurs de x renfermées entre les limites $-0{,}9824..$ et $+0{,}9824...$ De plus, tandis que x variera entre ces limites, la fonction $\text{tang}(x^2+y^2)$ restera inférieure à la quantité $A=0{,}7654..$, et la valeur de y variera entre les limites

$$y_0=0 \quad \text{et} \quad y_0 \pm (0{,}9824\ldots)A = \pm 0{,}7519\ldots$$

[*Voyez* la remarque faite à la page 62]. Par suite, les valeurs numériques des deux fonctions

$$\varphi(x,y)=2x[1+\text{tang}^2(x^2+y^2)], \text{ et } \chi(x,y)=2y[1+\text{tang}^2(x^2+y^2)]$$

ne surpasseront pas les nombres $B=3{,}1158\ldots$ et $C=2{,}3848\ldots$ Cela posé, on conclura de la formule (33) que l'erreur commise dans le calcul d'une valeur particulière de y sera inférieure à $\left(\frac{1}{10}\right)^m$, si l'on prend

$$(44) \qquad \delta < 0{,}2023\ldots \frac{e^{-2{,}3848\ldots H}}{(10)^m H}.$$

Considérons enfin l'équation différentielle

$$(45) \qquad dy = (x^{\frac{1}{2}} + y^{\frac{1}{2}}).dx,$$

et supposons que, la fonction y devant se réduire à l'unité pour $x=0$, on veuille calculer les valeurs de y correspondantes à des valeurs positives de x. Dans cette hypothèse, la formule (16) de la huitième leçon donnera

$$(46) \qquad \theta a^{\frac{1}{2}} + (1+\Theta A a)^{\frac{1}{2}} = M(0,A),$$

et l'on y satisfera, quel que soit A, pourvu que l'on détermine la quantité positive a par le moyen de l'équation

$$(47) \qquad a^{\frac{1}{2}} + (1+Aa)^{\frac{1}{2}} = A.$$

Cette condition étant remplie, il est clair que, si l'on prend $X=a$ ou $X<a$, la valeur de y correspondante à $x=X$ se trouvera comprise entre les limites 1, $1+Aa$, et la valeur de la fonction $\chi(x,y)=\frac{1}{2\sqrt{y}}$ entre les limites 0, $\frac{1}{2}$. Cela posé, les quantités désignées par B_1, C_1, B_2, C_2 et C, dans la formule (34), se réduiront à

$$B_1=0,\quad C_1=C=\tfrac{1}{2},\quad B_2=0,\quad C_2=0;$$

et l'on tirera de cette formule

$$(48)\qquad \tfrac{1}{2}\,\delta+\delta^{\frac{1}{2}}<\frac{e^{-\frac{1}{2}H}}{(10)^m AH},$$

ou, ce qui revient au même,

$$\left(\delta^{\frac{1}{2}}+1\right)^2<\frac{2e^{-\frac{1}{2}H}}{(10)^m AH}+1,$$

et par suite $\delta^{\frac{1}{2}}+1<\left\{\frac{2e^{-\frac{1}{2}H}}{(10)^m AH}+1\right\}^{\frac{1}{2}}$,

$$(49)\qquad \delta<2+\frac{2e^{-\frac{1}{2}H}}{(10)^m AH}-2\left\{\frac{2e^{-\frac{1}{2}H}}{(10)^m AH}+1\right\}^{\frac{1}{2}}.$$

Si, pour fixer les idées, on suppose $a=X=H$, l'équation (47) deviendra

$$H^{\frac{1}{2}}+(1+AH)^{\frac{1}{2}}=A,\quad \text{ou}\quad \left[(1+AH)^{\frac{1}{2}}-\tfrac{1}{2}H\right]^2=1+H^{\frac{3}{2}}+\tfrac{1}{4}H^2,$$

et l'on en conclura, en extrayant les racines positives des deux membres

$$(1+AH)^{\frac{1}{2}}-\tfrac{1}{2}H=\left(1+H^{\frac{3}{2}}+\tfrac{1}{4}H^2\right)^{\frac{1}{2}},$$

$$(50)\qquad A=\tfrac{1}{2}H+H^{\frac{1}{2}}+\left(1+H^{\frac{3}{2}}+\tfrac{1}{4}H^2\right)^{\frac{1}{2}}.$$

En substituant la valeur précédente de A dans la formule (49), on obtiendra la condition à laquelle il suffit d'assujettir le nombre δ pour que l'erreur commise sur la valeur de y qui répond à $x=X=H$ ne dépasse pas $\left(\frac{1}{10}\right)^m$.

DIXIÈME LEÇON.

Revue de toutes les Intégrales particulières ou singulières qui peuvent appartenir à une Équation différentielle du premier ordre. Propriétés de quelques unes de ces Intégrales.

TOUTES les fois que les deux fonctions

$$f(x,y), \quad \text{et} \quad \chi(x,y) = \frac{df(x,y)}{dy}$$

restent finies et continues dans le voisinage des valeurs particulières $x = x_0$, $y = y_0$, la méthode exposée dans la septième leçon fournit une valeur de y en x, savoir, $y = \mathfrak{F}(x)$, laquelle, étant fonction continue de x, au moins entre certaines limites, l'une inférieure, l'autre supérieure à x_0, satisfait à la double condition de vérifier l'équation différentielle

$$(1) \qquad dy = f(x,y)\,dx$$

et de se réduire à y_0 pour $x = x_0$. De plus, cette valeur de y est une intégrale particulière de l'équation proposée [*voyez* les corollaires 2.e et 3.e de la page 57]. J'ajoute que, dans l'hypothèse admise, $\mathfrak{F}(x)$ sera la seule fonction continue de x qui puisse remplir à-la-fois les deux conditions énoncées. Effectivement, si une autre fonction

$$\mathfrak{F}(x) + \varpi(x)$$

jouissait encore des mêmes propriétés, on aurait non-seulement

$$\mathfrak{F}'(x) = f[x, \mathfrak{F}(x)], \qquad \mathfrak{F}(x_0) = y_0,$$

mais aussi

$$\mathcal{F}'(x)+\varpi'(x)=f[x,\mathcal{F}(x)+\varpi(x)] \qquad \mathcal{F}(x_0)+\varpi(x_0)=y_0,$$
$$=f[x,\mathcal{F}(x)]+\varpi(x).\chi[x,\mathcal{F}(x)+\theta\varpi(x)],$$

θ désignant un nombre inférieur à l'unité, et par suite

$$(2)\qquad 1=\frac{\varpi(x)}{\varpi'(x)}\chi[x,\mathcal{F}(x)+\theta\varpi(x)], \qquad (3)\qquad \varpi(x_0)=0.$$

D'ailleurs, si, après avoir posé $x=x_0+i$, l'on attribue à la quantité i une valeur infiniment petite, ou, ce qui revient au même, si l'on fait converger x vers la limite x_0, la fraction

$$\frac{\varpi(x)}{\varpi'(x)}=\frac{\varpi(x_0+i)}{\varpi'(x_0+i)}$$

finira par obtenir, comme son numérateur, des valeurs sensiblement nulles [*voyez* le 4.e théorème énoncé dans l'addition placée à la suite du tome Ier], tandis que la fonction $\chi[x,\mathcal{F}(x)+\theta\varpi(x)]$ convergera vers la limite $\chi(x_0,y_0)$. Par conséquent, la formule (2) entraînera l'équation

$$(4)\qquad 1=0\times\chi(x_0,y_0), \quad \text{ou} \quad \chi(x_0,y_0)=\frac{1}{0};$$

qui ne saurait s'accorder avec l'hypothèse admise.

On peut, au reste, même dans l'hypothèse admise, concevoir diverses fonctions de x qui, étant également propres à remplir les conditions énoncées, coïncident dans le voisinage de la valeur particulière $x=x_0$, et divergent pour certaines valeurs de x sensiblement différentes de x_0. Il peut même arriver que plusieurs de ces fonctions restent continues pour toutes les valeurs de x. Ainsi, par exemple, si l'on assujettit la variable y, 1.° à vérifier l'équation différentielle

$$(5)\qquad (x+1)\,dy-(y+1)\,dx=0;$$

2.° à s'évanouir avec x, les deux fonctions continues

(6) $$y = x$$

et

(7) $$y = \frac{1}{2}\left[x - 1 + \sqrt{(x+1)^2}\right]$$

satisferont l'une et l'autre aux conditions prescrites. Comme le radical $\sqrt{(x+1)^2}$ est censé représenter, dans tous les cas, une quantité positive, il est clair que la seconde valeur de y coïncide avec la première, tant que l'on suppose $x+1$ positif, et se réduit à $y = -1$, dans le cas où $x+1$ devient négatif.

Lorsque l'on permet à la variable y, considérée comme fonction de x, de varier d'une manière brusque pour certaines valeurs de x, il devient facile de la faire coïncider successivement avec plusieurs intégrales particulières semblables à celles que l'on déduit de la méthode exposée dans la septième leçon. Soient, en effet,

(8) $$y = \mathfrak{F}_0(x), \quad y = \mathfrak{F}_1(x), \quad \ldots\ldots \quad y = \mathfrak{F}_m(x),$$

plusieurs intégrales de cette espèce. Si l'on veut que y coïncide avec la première de ces intégrales, depuis $x = -\infty$ jusqu'à $x = x_1$, avec la seconde depuis $x = x_1$ jusqu'à $x = x_2$, avec la troisième depuis $x = x_2$ jusqu'à $x = x_3$, ... enfin avec la dernière depuis $x = x_m$ jusqu'à $x = +\infty$, il suffira de supposer

(9) $$y = \frac{\mathfrak{F}_0(x) + \mathfrak{F}_m(x)}{2} + \frac{\mathfrak{F}_1(x) - \mathfrak{F}_0(x)}{2} \frac{x - x_1}{\sqrt{(x-x_1)^2}} + \ldots + \frac{\mathfrak{F}_m(x) - \mathfrak{F}_{m-1}(x)}{2} \frac{x - x_m}{\sqrt{(x-x_m)^2}}.$$

On pourrait encore admettre que les formules (8) représentent, les unes des intégrales particulières, les autres des intégrales singulières de l'équation (1); auquel cas, la valeur de y fournie par l'équation (9) coïnciderait successivement avec des intégrales de ces deux espèces. Ainsi, par exemple, étant proposée l'équation différentielle

(10) $$dy = \left(\frac{y}{x}\right)^{\frac{1}{2}} dx,$$

on reconnaîtra sans peine que la fonction

$$(11) \qquad y = \tfrac{1}{2}\left(x + \sqrt{x^2}\right)$$

coïncide, pour toutes les valeurs positives de x, avec l'intégrale particulière $y = x$, et pour toutes les valeurs négatives de x, avec l'intégrale singulière $y = 0$.

Il ne sera pas inutile de faire observer que la formule (7) est comprise dans la formule (9), de laquelle on la déduit, en supposant

$$m = 1, \quad \mathcal{F}_0(x) = -1, \quad \mathcal{F}_1(x) = x, \quad x_1 = -1.$$

Ajoutons que, dans le cas où les formules (8) représentent des intégrales particulières de l'équation (1), la formule (9) doit être censée comprise dans l'intégrale générale, de laquelle on la déduit, en attribuant à la constante arbitraire la valeur la plus étendue qu'on puisse lui donner d'après les principes établis dans les vingt-sixième et vingt-septième leçons de la première année. Soient, en effet,

$$(12) \qquad y = \mathcal{F}(x, \mathcal{C})$$

l'intégrale générale de l'équation (1), et $c_0, c_1, c_2 \ldots c_m$ les valeurs particulières de la constante arbitraire $\mathcal{C}$ qui font coïncider cette intégrale générale avec les formules (8). Pour réduire la formule (12) à la formule (9), il suffira de prendre

$$(13) \quad \mathcal{C} = \frac{c_0 + c_m}{2} + \frac{c_1 - c_0}{2} \, \frac{x - x_1}{\sqrt{(x - x_1)^2}} + \ldots + \frac{c_m - c_{m-1}}{2} \, \frac{x - x_m}{\sqrt{(x - x_m)^2}}.$$

Soit maintenant

$$(14) \qquad y = \mathcal{F}(x)$$

une fonction quelconque de x propre à vérifier l'équation (1). Si chacune des fonctions

$$f[x, \mathcal{F}(x)], \qquad \chi[x, \mathcal{F}(x)]$$

reste finie et continue pour toutes les valeurs possibles de x, ou du moins pour toutes les valeurs comprises entre certaines limites, on pourra prendre à volonté l'une de ces valeurs pour celle que nous avons représentée ci-dessus par x_0, et en conséquence $y = \mathcal{F}(x)$ coïncidera, au moins pour des valeurs de x comprises entre certaines limites, avec l'une des intégrales particulières que nous avons considérées dans les trois dernières leçons. Donc $y = \mathcal{F}(x)$ ne pourrait être une intégrale singulière, ou une intégrale particulière toujours distincte de celles dont nous venons de parler, que dans le cas où l'une des deux fonctions

$$(15) \qquad \mathcal{F}'(x) = f[x, \mathcal{F}(x)] \quad \text{et} \quad \chi[x, \mathcal{F}(x)]$$

cesserait d'être finie ou continue pour toutes les valeurs possibles de la variable x. Or cette condition ne peut être remplie que dans le cas où les expressions (15) deviennent constamment infinies ou indéterminées; et comme la fonction $\mathcal{F}'(x) = f[x, \mathcal{F}(x)]$ ne saurait être constamment infinie sans qu'il en fût de même de $\mathcal{F}(x)$, nous devons conclure que, si l'intégrale (14) est toujours distincte de celles que l'on a considérées dans les trois dernières leçons, et si l'on n'a pas $\mathcal{F}(x) = \pm\infty$, quel que soit x, la fonction $\mathcal{F}(x)$ vérifiera, pour toutes les valeurs de x, l'une des formules

$$(16) \qquad f[x, \mathcal{F}(x)] = \frac{\cdot}{\circ}, \quad \chi[x, \mathcal{F}(x)] = \frac{\cdot}{\circ}, \quad \chi[x, \mathcal{F}(x)] = \frac{1}{\circ};$$

en d'autres termes, l'intégrale (14) vérifiera l'une des équations

$$(17) \qquad f(x, y) = \frac{\cdot}{\circ}, \qquad\qquad (18) \qquad \chi(x, y) = \frac{\cdot}{\circ},$$

ou bien l'équation

$$(19) \qquad \frac{1}{\chi(x, y)} = 0.$$

Si l'intégrale $y = \mathcal{F}(x)$ ne devait demeurer entièrement distincte de toutes celles que nous avons considérées dans les dernières leçons, qu'autant que la valeur de x resterait comprise entre certaines limites on pourrait encore affirmer que cette intégrale vérifie l'une des formule: (10), mais seulement pour les valeurs de x renfermées entre les limite dont il s'agit.

Si l'on applique ces principes généraux aux deux équations différentielles

(20) $$dy = \left(\frac{y}{x}\right)^{\frac{1}{2}} dx,$$ (21) $$dy = y\,l(y)\,dx,$$

on trouvera successivement

$$f(x, y) = \left(\frac{y}{x}\right)^{\frac{1}{2}}, \qquad f(x, y) = y\,l(y),$$

$$\chi(x, y) = \frac{1}{2x^{\frac{1}{2}}y^{\frac{1}{2}}}, \qquad \chi(x, y) = 1 + l(y).$$

Les quatre fonctions qui précèdent ne deviennent indéterminées pour aucune valeur de la variable y considérée comme fonction de x. Mais les deux dernières deviennent infinies, et par conséquent la formule (19) se trouve vérifiée, quand on attribue à cette variable la valeur $y = 0$, laquelle est une intégrale singulière de l'équation (20), et une intégrale particulière de l'équation (21).

Supposons encore

(22) $$dy = \frac{y^2\,dx}{\sin\frac{1}{y}}.$$

Dans cette hypothèse, les formules (17), (18) et (19) se trouveront réduites à

(23) $$\frac{y^2}{\sin\frac{1}{y}} = \frac{0}{0},$$ (24) $$\frac{2y\sin\frac{1}{y} + \cos\frac{1}{y}}{\sin^2\frac{1}{y}} = \frac{0}{0},$$

(25) $$\frac{\sin^2\frac{1}{y}}{2y\sin\frac{1}{y} + \cos\frac{1}{y}} = 0.$$

Or les expressions qui constituent les premiers membres des formules (23) et (24) ne peuvent devenir indéterminées qu'autant que la fonction $\sin \frac{1}{y}$ le devient elle-même, c'est-à-dire, dans le cas où l'on prend $\frac{1}{y} = \pm \infty$, $y = 0$. D'ailleurs, si l'on pose

$$(26) \qquad y = \frac{\pm 1}{n\pi + \frac{c}{n^2\pi^2}},$$

n désignant un nombre entier quelconque, et c une constante indéterminée, on aura, à très-peu près, pour des valeurs considérables de n,

$$(27) \qquad \frac{y^2}{\sin \frac{1}{y}} = \frac{1}{n^2\pi^2 \sin \frac{c}{n^2\pi^2}} = \frac{1}{c}.$$

Donc la valeur de y tirée de la formule (26) et correspondante à $n = \infty$, savoir $y = 0$, produira effectivement une valeur indéterminée $\frac{1}{c}$ du rapport $\frac{y^2}{\sin \frac{1}{y}}$. Il serait également facile de prouver que cette valeur de y vérifie la formule (24). Ajoutons qu'elle satisfait, comme intégrale particulière, à l'équation (22), qui a pour intégrale générale

$$(28) \qquad x + C = \cos \frac{1}{y}, \qquad \text{ou} \qquad y = \frac{\pm 1}{2n\pi \pm \operatorname{arc} \cos (x - C)},$$

n désignant un nombre entier quelconque.

Quant à la formule (25), on en tirera $\sin \frac{1}{y} = 0$, $\frac{1}{y} = \pm n\pi$,

$$(29) \qquad y = \pm \frac{1}{n\pi}.$$

Les valeurs de y fournies par cette dernière équation seront des intégrales singulières de l'équation (22). On doit seulement excepter la valeur $y = 0$, qui correspond à $n = \infty$.

Si, au lieu de l'équation (22), on avait considéré la suivante:

$$(30)\qquad dy = \frac{y^2\,dx}{y^2 \sin\frac{1}{y} - \cos\frac{1}{y}},$$

la formule (17) serait devenue

$$(31)\qquad \frac{y^2}{y^2 \sin\frac{1}{y} - \cos\frac{1}{y}} = \frac{0}{0}.$$

Il est aisé de s'assurer qu'on satisfait encore à celle-ci par la valeur $y = 0$ considérée comme limite d'une valeur de la forme

$$y = \frac{\pm 1}{(n + \frac{1}{2})\pi + \frac{c}{n^2 \pi^2}}.$$

Mais, dans le cas présent, la valeur $y = 0$ est une intégrale singulière de l'équation différentielle proposée, qui a pour intégrale générale

$$(32)\qquad y \sin\frac{1}{y} = x + \mathcal{C}.$$

Au reste, quoique la formule $y = 0$, considérée comme intégrale de l'une des équations différentielles (20), (21), (22) ou (30), ne soit pas semblable aux intégrales particulières dont nous avons parlé dans les trois dernières leçons, néanmoins il est facile de voir que cette même intégrale peut se déduire de la méthode fondée sur l'emploi des équations (4) de la page 55. En effet, si l'on suppose généralement que $f(x, y)$ s'évanouisse, quel que soit x, pour une valeur nulle de y, on tirera des équations (4), en prenant $y_0 = 0$,

$$y_1 = y_0 = 0, \quad y_2 = y_1 = 0, \quad \ldots\ldots \quad Y = y_{n-1} = 0;$$

puis, en écrivant y au lieu de Y, on obtiendra l'intégrale proposée

$$y = 0.$$

Ajoutons que cette intégrale se trouve comprise dans la formule

$$y = \frac{0}{0},$$

à laquelle on parvient en opérant toujours de la même manière ; dans le cas où une valeur nulle de y rend indéterminée la fonction $f(x, y)$. Remarquons enfin que, dans le cas où l'équation (1) a pour intégrale singulière la formule $y = 0$, et pour intégrale particulière une autre valeur de y qui s'évanouit avec $x - x_0$ sans être constamment nulle, on peut déduire ces deux valeurs de y des équations (4) de la page 55, savoir, la première valeur en prenant pour y_0 une quantité rigoureusement nulle, et la seconde valeur en prenant pour y_0 une quantité infiniment petite.

Il est essentiel d'observer que la fonction représentée dans les formules (18) et (19) par $\chi(x, y)$ est précisément ce que devient le coefficient différentiel

$$\frac{dy'}{dy} \tag{33}$$

quand on y considère y' comme une fonction de x et de y déterminée par la formule

$$y' = f(x, y). \tag{34}$$

Si l'on proposait d'intégrer non plus l'équation (1), c'est-à-dire, une équation différentielle résolue par rapport à $\frac{dy}{dx}$, mais la suivante,

$$F\left(x, y, \frac{dy}{dx}\right) = 0, \tag{35}$$

il suffirait, pour obtenir la fonction $\chi(x, y)$, de substituer dans l'expression (33) la valeur de y', en x et y, tirée de la formule

$$F(x, y, y') = 0. \tag{36}$$

D'ailleurs, si l'on désigne par

$$\Phi(x, y, y'), \quad X(x, y, y'), \quad \Psi(x, y, y')$$

les trois dérivées partielles de $F(x, y, y')$ par rapport aux trois variables

x, y, y', les valeurs de y' et $\frac{dy'}{dy}$ tirées de la formule (36) vérifieront évidemment l'équation

$$X(x, y, y') + \Psi(x, y, y') \frac{dy'}{dy} = 0,$$

ou

$$(37) \qquad \frac{dy'}{dy} = -\frac{X(x, y, y')}{\Psi(x, y, y')}.$$

Par conséquent, si l'on passe de l'équation (1) à l'équation (35), les formules (18) et (19) devront être remplacées par les suivantes,

$$(38) \qquad \frac{\Psi(x, y, y')}{X(x, y, y')} = \frac{0}{0}, \qquad (39) \qquad \frac{\Psi(x, y, y')}{X(x, y, y')} = 0;$$

dans lesquelles il faudra considérer y' comme une fonction des variables x et y déterminée par l'équation (36).

Concevons, pour fixer les idées, que l'équation (36) se réduise à la formule (11) de la troisième leçon, c'est-à-dire à

$$(40) \qquad y = xy' + f(y').$$

Dans cette hypothèse, les équations (37) et (39) deviendront respectivement

$$(41) \qquad \frac{dy'}{dy} = \frac{1}{x + f'(y')}, \qquad (42) \qquad x + f'(y') = 0;$$

et l'élimination de y entre les formules (40) et (42) produira les intégrales singulières de l'équation (40).

ONZIÈME LEÇON.

Sur les Caractères distinctifs des Intégrales singulières d'une Équation différentielle du premier ordre.

SUPPOSONS que l'on se propose d'obtenir les intégrales singulières de l'équation différentielle

(1) $$dy = f(x, y) . dx,$$

et soit $\chi(x, y)$ la dérivée de la fonction $f(x, y)$ par rapport à la variable y. D'après ce qui a été dit dans la leçon précédente, il suffira de chercher les valeurs de y en x qui auront la propriété de rendre l'une des fonctions $f(x, y)$, $\chi(x, y)$ indéterminée, ou de vérifier la formule

(2) $$\frac{1}{\chi(x, y)} = 0,$$

et qui satisferont en même temps à l'équation (1). De plus, comme les valeurs de y en x qui rempliront cette double condition pourront être ou des intégrales singulières, ou des intégrales particulières, il faudra trouver un moyen de distinguer ces deux espèces d'intégrales. Cette distinction ne présente aucune difficulté dans le cas où l'intégrale générale est connue. Dans le cas contraire, on peut l'effectuer à l'aide des propositions suivantes.

Théorème 1.er *Pour décider si une valeur de y en x, savoir,*

(3) $$y = \mathcal{F}(x)$$

est une intégrale particulière ou singulière de l'équation (1), *il suffit d'examiner si*

(4) $$z = 0$$

est une intégrale particulière ou singulière de l'équation

(5) $$dz = \{ f[x, \mathcal{F}(x) + z] - f[x, \mathcal{F}(x)] \} dx.$$

Démonstration. En effet, $y = \mathcal{F}(x)$ devant, par hypothèse, vérifier l'équation (1), l'on aura

(6) $$d\mathcal{F}(x) = f[x, \mathcal{F}(x)].dx.$$

Soit d'ailleurs

(7) $$F(x, y) = C$$

l'intégrale générale de l'équation (1). Si l'on pose dans cette équation

(8) $$y = \mathcal{F}(x) + z,$$

et si l'on a égard à la formule (6), on obtiendra l'équation (5), à laquelle on satisfera en prenant

(4) $$z = 0,$$

et qui aura pour intégrale générale

(9) $$F[x, \mathcal{F}(x) + z] = C.$$

Or il est clair que $y = \mathcal{F}(x)$ vérifiera l'équation (7), lorsque $z = 0$ vérifiera l'équation (9), c'est-à-dire, lorsque la fonction $F[x, \mathcal{F}(x)]$ se réduira d'elle-même à une quantité constante. En d'autres termes, $y = \mathcal{F}(x)$ sera une intégrale particulière de l'équation (1) lorsque $z = 0$ sera une intégrale particulière de l'équation (5), et réciproquement. Donc, &c.

Corollaire. Comme il est indifférent de représenter la fonction inconnue de x propre à vérifier l'équation (5) par la lettre z ou par la lettre y, il résulte évidemment du théorème 1.er que, pour déterminer la nature de l'intégrale $y = \mathcal{F}(x)$, appartenant à une équation différentielle du premier ordre entre les variables x et y, il suffit de déterminer la nature de l'intégrale $y = 0$, appartenant à une autre équation différentielle du premier ordre entre les mêmes variables. Ainsi la question peut toujours être ramenée au cas où l'on aurait identiquement $\mathcal{F}(x) = 0$. Ajoutons que dans ce dernier cas elle se résout immédiatement à l'aide des théorèmes que nous allons énoncer.

Théorème 2.e *Soit* α *une quantité infiniment petite, et* β *une autre quantité infiniment petite, tellement choisie que la fonction* $f(x, y)$ *conserve constamment le même signe entre les limites* $y = \alpha$, $y = \beta$. *Si la formule*

$$(10) \qquad y = 0$$

vérifie, comme intégrale singulière, l'équation (1), *l'intégrale définie*

$$(11) \qquad \int_\alpha^\beta \frac{dy}{f(x,y)},$$

prise par rapport à la seule variable y, *entre les limites dont il s'agit, aura elle-même une valeur infiniment petite.*

Démonstration. Représentons toujours par la formule (7) l'intégrale générale de l'équation (1); et soient d'ailleurs

$$\Phi(x, y), \quad X(x, y)$$

les deux dérivées partielles de la fonction $F(x, y)$ par rapport aux deux variables x et y. On tirera de l'équation (30) de la 4.e leçon, en y remplaçant u par $F(x, y)$, Q par l'unité, et P par $-f(x, y)$,

$$(12) \qquad X(x, y) = -\frac{\Phi(x, y)}{f(x, y)}.$$

Cette dernière formule étant identique, si l'on intègre ses deux membres par rapport à la variable y, entre les limites $y = \alpha$, $y = \beta$, on trouvera

$$(13) \qquad F(x, \beta) - F(x, \alpha) = -\int_\alpha^\beta \Phi(x, y) \frac{dy}{f(x,y)}.$$

Si d'ailleurs on représente par θ un nombre inférieur à l'unité, on aura, en vertu de la formule (13) de la 23.e leçon [tome I.er],

$$(14)\qquad \int_\alpha^\beta \Phi(x,y)\frac{dy}{f(x,y)} = \Phi[x,\alpha+\theta(\beta-\alpha)].\int_\alpha^\beta \frac{dy}{f(x,y)};$$

puis l'on tirera des formules (13) et (14)

$$(15)\qquad \int_\alpha^\beta \frac{dy}{f(x,y)} = \frac{F(x,\alpha)-F(x,\beta)}{\Phi[x,\alpha+\theta(\beta-\alpha)]}.$$

De plus $y=0$, étant, par hypothèse, une intégrale singulière de l'équation (1), ne pourra vérifier l'équation (7). En d'autres termes, l'expression $F(x,0)$ ne pourra obtenir une valeur finie et constante, ou bien une valeur constamment infinie. Donc $F(x,0)$ devra être nécessairement une fonction finie de la variable x, et sa dérivée

$$\Phi(x,0) = \frac{dF(x,0)}{dx}$$

se réduira elle-même à une fonction finie de x, ou, tout au plus, si la fonction $F(x,0)$ est linéaire, à une constante finie différente de zéro. Par suite, le rapport

$$\frac{F(x,\alpha)-F(x,\beta)}{\Phi[x,\alpha+\theta(\beta-\alpha)]}$$

s'évanouira pour $\beta=\alpha=0$; d'où l'on conclut, en admettant la continuité des fonctions $F(x,y)$, $\Phi(x,y)$, dans le voisinage de $y=0$, que le rapport dont il s'agit, et l'intégrale (11) équivalente à ce rapport, obtiendront, en même temps que les quantités α, β, des valeurs infiniment petites.

3.e Théorème. *Si, la formule $y=0$ étant propre à vérifier l'équation (1), l'intégrale (11) obtient une valeur infiniment petite, $y=0$ sera une intégrale singulière de l'équation différentielle proposée.*

Démonstration. Supposons, en effet, que l'expression (11) ait une valeur infiniment petite. L'intégrale définie

$$(16)\qquad \int_\alpha^y \frac{dy}{f(x,y)};$$

que l'on déduit de cette expression en substituant y à β, ne pourra être qu'une fonction finie et déterminée des variables x, y; et l'on devra en dire autant de l'intégrale $\int_0^y \frac{dy}{f(x,y)}$, que l'on obtient en remplaçant, dans l'expression (16), la quantité infiniment petite α par sa limite, c'est-à-dire, par zéro [*voyez* le théorème énoncé à la page 100 du tome I.er]. Cela posé, soit

$$(17) \qquad \int_0^y \frac{dy}{f(x,y)} = \mathrm{f}(x,y).$$

Désignons d'ailleurs par ξ une valeur particulière de x, et par

$$(18) \qquad y = \mathfrak{F}(x, \mathcal{C})$$

l'intégrale générale de l'équation (1). On aura identiquement, en vertu de l'équation (1),

$$(19) \qquad d\mathfrak{F}(x, \mathcal{C}) = f[x, \mathfrak{F}(x, \mathcal{C})].dx;$$

puis, en vertu de la formule (17),

$$\int_0^y \frac{dy}{f(\xi,y)} = \mathrm{f}(\xi,y), \quad d\mathrm{f}(\xi,y) = \frac{dy}{f(\xi,y)},$$

$$d\mathrm{f}[\xi, \mathfrak{F}(x, \mathcal{C})] = \frac{d\mathfrak{F}(x, \mathcal{C})}{f[\xi, \mathfrak{F}(x, \mathcal{C})]};$$

et par suite,

$$(20) \qquad d\mathrm{f}[\xi, \mathfrak{F}(x, \mathcal{C})] = \frac{f[x, \mathfrak{F}(x, \mathcal{C})]}{f[\xi, \mathfrak{F}(x, \mathcal{C})]}\, dx.$$

On tirera de cette dernière, en désignant par h un accroissement arbitraire de x, et par θ un nombre inférieur à l'unité,

$$(21) \quad \mathrm{f}[\xi, \mathfrak{F}(x+h, \mathcal{C})] - \mathrm{f}[\xi, \mathfrak{F}(x, \mathcal{C})] = h\, \frac{f[x+\theta h, \mathfrak{F}(x+\theta h, \mathcal{C})]}{f[\xi, \mathfrak{F}(x+\theta h, \mathcal{C})]};$$

puis, en posant $\xi = x + \theta h$, on trouvera, quelles que soient les quantités x, h et $\mathcal{C}$,

$$(22)\qquad \mathrm{f}[x+\theta h, \mathfrak{F}(x+\theta h, \mathcal{C})] - \mathrm{f}[x+\theta h, \mathfrak{F}(x, \mathcal{C})] = h.$$

Il est maintenant facile de prouver que, dans l'hypothèse admise, $y=0$ est une intégrale singulière. Car, si l'on pouvait déduire cette intégrale de la formule (18), en attribuant à la constante $\mathcal{C}$ une valeur particulière c, il suffirait de prendre $\mathcal{C}=c$, pour réduire la formule (22) à la suivante

$$(23)\qquad h = \mathrm{f}(x+\theta h, 0) - \mathrm{f}(x+\theta h, 0) = 0;$$

et cette dernière ne pourrait évidemment subsister, la valeur de h devant rester arbitraire, qu'autant que son second membre, au lieu de se réduire à zéro, comme il arrive toujours quand $\mathrm{f}(x, y)$ désigne une fonction finie et déterminée des variables x, y, se présenterait sous une forme indéterminée, ce qui arriverait nécessairement si la fonction

$$\mathrm{f}(x, y) = \int_0^y \frac{dy}{f(x, y)}$$

devenait indéterminée ou infinie. A la vérité, $y=0$ ne vérifie l'équation (1) que dans le cas où la fonction $f(x, 0)$ obtient une valeur nulle ou indéterminée; et comme alors le second membre de l'équation (21) se réduit à $\frac{0}{0}$, il semble, au premier abord, que l'on ne devrait pas étendre l'équation (22) à une intégrale particulière de la forme

$$y = \mathfrak{F}(x, c) = 0.$$

Mais, pour s'assurer que cette extension est légitime, il suffit d'observer que l'équation (22), subsistant pour toutes les valeurs de $\mathcal{C}$ différentes de c, ne cessera pas d'être vraie tandis que $\mathcal{C}$ convergera vers la limite c, et que la différence $\mathcal{C}-c$ deviendra infiniment petite; d'où il est permis de conclure que cette équation subsistera encore quand la différence $\mathcal{C}-c$ deviendra rigoureusement nulle.

Corollaire. Il suit des théorèmes 2 et 3 que, pour décider si la formule $y=0$ vérifie comme intégrale singulière, ou comme intégrale particulière, l'équation (1), il suffit d'examiner si la valeur de l'intégrale définie singulière

$$(11)\qquad \int_{\alpha}^{\beta} \frac{dy}{f(x,y)},$$

est ou n'est pas une quantité infiniment petite, x étant considérée comme constante, et α, β désignant deux limites infiniment petites de y, entre lesquelles la fonction $f(x,y)$ ne change pas de signe.

Si l'on considère, par exemple, les équations différentielles

$$(24)\qquad dy = \left(\frac{y}{x}\right)^{\frac{1}{2}} dx, \qquad\qquad (25)\qquad dy = y\,l(y).dx,$$

déjà traitées dans la leçon précédente, on trouvera que l'intégrale (11) se réduit, pour l'équation (24), à la quantité infiniment petite

$$(26)\qquad \int_{\alpha}^{\beta} \left(\frac{x}{y}\right)^{\frac{1}{2}} dy = 2x^{\frac{1}{2}}(\beta^{\frac{1}{2}} - \alpha^{\frac{1}{2}}),$$

et, pour l'équation (25), à l'expression

$$(27)\qquad \int_{\alpha}^{\beta} \frac{dy}{y\,l(y)} = l\left[\frac{l(\beta)}{l(\alpha)}\right]$$

qui converge vers une limite indéterminée, tandis que α et β convergent vers la limite zéro. Par conséquent, il résulte du corollaire ci-dessus énoncé que la formule $y=0$ vérifie comme intégrale singulière l'équation (24), et comme intégrale particulière, l'équation (25). C'est, au reste, ce que nous avons déjà reconnu, à l'inspection des intégrales générales des équations différentielles dont il s'agit.

Considérons maintenant une équation différentielle dont l'intégrale générale ne puisse s'obtenir sous forme finie, et prenons pour exemple

$$(28)\qquad dy = (y + \sin y)\,[x + l(y)].dx.$$

Dans ce cas, l'expression (11) deviendra

$$(29)\qquad \int_\alpha^\beta \frac{dy}{[x+l(y)][y+\sin y]} = \int_\alpha^\beta \frac{1}{\left[1+\frac{x}{l(y)}\right]\left[1+\frac{\sin y}{y}\right]}\,\frac{dy}{y\,l(y)}.$$

Pour que la fonction comprise sous le signe $\int$ dans l'intégrale (29) ne change pas de signe entre les limites $y=\alpha$, $y=\beta$ supposées infiniment petites, il est nécessaire et il suffit que ces limites soient deux quantités de même signe. Cette condition étant admise, l'expression (29) sera équivalente [*voyez* la formule (13) de la page 92 du tome Ier] à un produit de la forme

$$(30)\qquad \frac{1}{\left[1+\frac{x}{l(n)}\right]\left[1+\frac{\sin n}{n}\right]}\int_\alpha^\beta \frac{dy}{l(y)} = \frac{l\left[\frac{l(\beta)}{l(\alpha)}\right]}{\left[1+\frac{x}{l(n)}\right]\left[1+\frac{\sin n}{n}\right]},$$

n désignant une valeur de y comprise entre les limites α, β, et par conséquent très-rapprochée de zéro. Cela posé, comme on aura, à très-peu près,

$$1+\frac{x}{l(n)} = 1+\frac{x}{l(0)} = 1,\qquad 1+\frac{\sin n}{l(n)} = 1+1 = 2,$$

l'intégrale (29) se réduira sensiblement à

$$(31)\qquad \frac{1}{2}\,l\left[\frac{l(\beta)}{l(\alpha)}\right].$$

Cette dernière expression devenant indéterminée pour des valeurs infiniment petites de α et de β, nous devons conclure que la formule $=0$ vérifie comme intégrale particulière l'équation (28).

En ayant égard au premier théorème, et raisonnant sur l'équation (4), comme nous l'avons fait sur l'équation (1), on établira immédiatement la proposition suivante.

4.e Théorème. *Pour décider si la formule*

$$(3)\qquad y = \mathcal{F}(x)$$

vérifie comme intégrale singulière, ou comme intégrale particulière, l'équation (1), *il suffit d'examiner si la valeur de l'intégrale définie singulière*

$$(32)\qquad \int_\alpha^\beta \frac{dz}{f[x, \mathcal{F}(x) + z] - f[x, \mathcal{F}(x)]}$$

est ou n'est pas une quantité infiniment petite, x étant regardée comme constante, et α, β *désignant deux limites infiniment petites de* z, *entre lesquelles la fonction comprise sous le signe* $\int$ *dans l'intégrale* (32), *ne change pas de signe.*

Corollaire 1.er Il est clair que, dans ce théorème, on peut sans inconvénient substituer à l'intégrale (32) l'intégrale équivalente

$$(33)\qquad \int_{\mathcal{F}(x)+\alpha}^{\mathcal{F}(x)+\beta} \frac{dy}{f(x,y) - f[x, \mathcal{F}(x)]}.$$

Corollaire 2.e Le rapport

$$\frac{1}{f[x, \mathcal{F}(x) + z] - f[x, \mathcal{F}(x)]}$$

pouvant être considéré comme le produit des deux fractions

$$\frac{z}{f[x, \mathcal{F}(x) + z] - f[x, \mathcal{F}(x)]}, \qquad \frac{1}{z},$$

et l'intégrale définie singulière

$$\int_\alpha^\beta \frac{dz}{z}$$

étant équivalente à $l\left(\frac{\beta}{\alpha}\right)$, il résulte de la formule (13) de la page 92 [tome I.er] que l'expression (32) peut être remplacée par la suivante,

$$(34)\qquad \frac{\zeta}{f[x, \mathcal{F}(x) + \zeta] - f[x, \mathcal{F}(x)]}\, l\left(\frac{\beta}{\alpha}\right),$$

ζ désignant une valeur infiniment petite de z comprise entre les limites α et β. Or, la quantité $l\left(\frac{\beta}{\alpha}\right)$ étant indéterminée pour des valeurs infiniment petites de α et de β, l'expression (34) ne pourra devenir infiniment petite, qu'autant que le rapport

$$(35) \qquad \frac{\zeta}{f[x, \mathcal{F}(x) + \zeta] - f[x, \mathcal{F}(x)]}$$

deviendra le même ou nul, ou indéterminé pour $\zeta = 0$. De plus; comme les deux termes de ce rapport s'évanouissent avec ζ, sa véritable valeur correspondante à $\zeta = 0$ sera équivalente [*voyez* la 6.e leçon du *Calcul différentiel*] à celle de la fraction

$$\frac{1}{\chi[x, \mathcal{F}(x) + \zeta]},$$

c'est-à-dire, à la quantité

$$(36) \qquad \frac{1}{\chi[x, \mathcal{F}(x)]}.$$

Donc, en vertu du théorème 4, la formule $y = \mathcal{F}(x)$ ne pourra satisfaire, comme intégrale singulière, à l'équation (1), que dans le cas où l'expression (36) sera nulle ou indéterminée, et par conséquent dans le cas où la supposition $y = \mathcal{F}(x)$ vérifiera l'une des conditions

$$(37) \qquad \chi(x, y) = \frac{0}{0}, \qquad\qquad (38) \qquad \frac{1}{\chi(x, y)} = 0.$$

Donc, parmi les équations (17), (18), (19) de la leçon précédente, les deux dernières seront les seules qui puissent fournir des intégrales singulières de l'équation différentielle proposée, et la recherche de ces intégrales singulières n'exige pas que l'on détermine les valeurs de y qui peuvent rendre indéterminée la fonction $f(x, y)$.

DOUZIÈME LEÇON.

Méthodes diverses qui peuvent être employées au Calcul numérique des Valeurs particulières de la variable y considérée comme fonction de x, et déterminée par une Équation différentielle du premier ordre.

La méthode que nous avons développée dans les 7.e, 8.e et 9.e leçons n'est pas la seule à l'aide de laquelle on puisse effectuer l'intégration par approximation des équations différentielles du premier ordre. Plusieurs autres méthodes, que nous allons faire connaître, peuvent être employées au même usage; et en général elles méritent d'être préférées, parce qu'elles resserrent les limites entre lesquelles les valeurs des inconnues se trouvent comprises.

Concevons toujours que, la fonction y étant assujettie, 1.° à vérifier l'équation différentielle

$$(1) \qquad dy = f(x,y)\,dx;$$

2.° à prendre la valeur particulière y_0 pour $x=x_0$, on demande une autre valeur particulière de y, savoir, celle qui correspond à $x=X$. Supposons d'ailleurs, pour plus de commodité, que X soit renfermée entre les limites x_0, x_0+a, les quantités a et A étant choisies de manière à vérifier la formule (16) ou (18) de la 8.e leçon. Enfin, désignons par $y=\mathfrak{F}(x)$ la fonction inconnue de x propre à remplir les deux conditions ci-dessus énoncées. Cette fonction, ainsi qu'on l'a déjà remarqué [page 62], croîtra ou décroîtra toujours depuis $x=x_0$ jusqu'à $x=X$, sans pouvoir dépasser la limite y_0+Aa ou y_0-Aa. De plus, comme on aura, en vertu de l'équation (1),

$$(2) \qquad d\mathcal{F}(x) = f[x, \mathcal{F}(x)].dx,$$

on en conclura, en intégrant les deux membres de la formule (2) entre les limites $x = x_0$, $x = X$,

$$(3) \qquad \mathcal{F}(X) - \mathcal{F}(x_0) = \int_{x_0}^{X} f[x, \mathcal{F}(x)].dx.$$

L'intégrale qui forme le second membre de la dernière équation est équivalente à la différence $X - x_0$ multipliée par une moyenne entre les diverses valeurs que reçoit la fonction $f[x, \mathcal{F}(x)]$, tandis que l'on fait varier x entre les limites x_0, X, ou, ce qui revient au même, pour une moyenne entre les diverses valeurs que reçoit la fonction $f(x, y)$, tandis que l'on fait varier x entre les limites x_0, X et y entre les limites $\mathcal{F}(x_0)$, $\mathcal{F}(X)$. Comme cette moyenne peut être représentée par une expression de la forme

$$(4) \qquad f\{x_0 + \theta(X - x_0),\ \mathcal{F}(x_0) + \Theta[\mathcal{F}(X) - \mathcal{F}(x_0)]\},$$

θ et Θ désignant deux nombres inférieurs à l'unité, on tirera de la formule (3), en écrivant y_0 au lieu de $\mathcal{F}(x_0)$,

$$(5) \quad \mathcal{F}(X) - y_0 = (X - x_0) f\{x_0 + \theta(X - x_0),\ y_0 + \Theta[\mathcal{F}(X) - y_0]\}.$$

L'équation (5), sans donner la valeur exacte de la quantité inconnue $\mathcal{F}(X)$, fournit le moyen de substituer aux limites y_0, $y_0 \pm Aa$, d'autres limites, souvent très-rapprochées, entre lesquelles cette quantité se trouve comprise. Admettons, par exemple, que la fonction $y = \mathcal{F}(x)$ étant assujettie, 1.° à vérifier l'équation différentielle

$$(6) \qquad dy = \cos\left(\frac{x + y}{5}\right).dx;$$

2.° à s'évanouir avec x, on demande la valeur de $\mathcal{F}(x)$ correspondante à $x = 1$. La formule (5) deviendra

$$(7) \qquad \mathcal{F}(1) = \cos\left(\frac{\theta + \Theta\mathcal{F}(1)}{5}\right).$$

Les nombres θ et Θ devant rester compris entre zéro et l'unité, on reconnaîtra facilement que la valeur de $\mathfrak{F}(1)$, déterminée par la formule (7), est positive; qu'elle diminue, tandis que l'on fait croître les nombres θ, Θ, enfin qu'elle est comprise entre les valeurs de Y fournies par les équations

$$(8) \qquad Y = \cos(0), \qquad Y = \cos\left(\frac{1+Y}{5}\right).$$

La première des équations (8) donne immédiatement $Y=1$. Quant à la seconde, on la résoudra facilement par des approximations successives, en passant de la valeur approchée $Y=1$, à des valeurs de plus en plus exactes, et dont chacune soit formée par la substitution de la valeur précédente dans le second membre de l'équation dont il s'agit. On trouvera, en effet,

$$\text{pour } Y=1, \quad , \frac{1+Y}{5}=0,4 \quad =(0,2546..)\frac{\pi}{2}. \cos\left(\frac{1+Y}{5}\right)=\cos(25^d,46')=0,9210..,$$

$$\text{pour } Y=0,9210.., \frac{1+Y}{5}=0,3842.=(0,2445..)\frac{\pi}{2}, \cos\left(\frac{1+Y}{5}\right)=\cos(24^d,45')=0,9271..,$$

$$\text{pour } Y=0,9271.., \frac{1+Y}{5}=0,2854..=(0,2453..)\frac{\pi}{2}, \cos\left(\frac{1+Y}{5}\right)=\cos(24^d,53')=0,9266..,$$

$$\text{pour } Y=0,9266.., \frac{1+Y}{5}=0,3853..=(0,2452..)\frac{\pi}{2}, \cos\left(\frac{1+Y}{5}\right)=\cos(24^d,52')=0,9267...$$

Il résulte de ces calculs que la seconde des équations (8) donne à très-peu près $Y=0,926...$ Par conséquent, la valeur de $\mathfrak{F}(1)$ déterminée par la formule (7), sera comprise entre les limites 1 et 0,926... Si l'on prend la demi-somme de ces limites, savoir, 0,963.. pour valeur de l'inconnue $\mathfrak{F}(1)$, l'erreur commise sera inférieure à la demi-différence

$$\frac{1-0,926...}{2}=0,036...$$

On vient de montrer, par l'exemple précédent, comment on peut déduire de l'équation (5) une valeur approchée de $\mathfrak{F}(X)$, avec les limites de l'erreur commise. Si l'on veut augmenter le degré de l'approximation, il suffira de substituer à l'équation (5) un système d'équations de même forme. Entrons, à ce sujet, dans quelques détails.

Si l'on désigne par x_1, $x_2 \ldots x_{n-1}$, n valeur différente de x comprise entre les limites x_0 et X, on tirera successivement de l'équation (2) intégrée, 1.° entre les limites x_0, x_1; 2.° entre les limites x_1, x_2, &c.... ; enfin entre les limites x_{n-1}, X,

$$(9)\left\{\begin{array}{l}
\mathcal{F}(x_1)-y_0=(x_1-x_0)f\{x_0+\theta_0(x_1-x_0),\ y_0+\Theta_0[\mathcal{F}(x_1)-y_0]\},\\
\mathcal{F}(x_2)-\mathcal{F}(x_1)=(x_2-x_1)f\{x_1+\theta_1(x_2-x_1),\ \mathcal{F}(x_1)+\Theta_1[\mathcal{F}(x_2)-\mathcal{F}(x_1)]\},\\
\&c.\ldots.\\
\mathcal{F}(X)-\mathcal{F}(x_{n-1})=(X-x_{n-1})f\{x_{n-1}+\theta_{n-1}(X-x_{n-1}),\ \mathcal{F}(x_{n-1})+\Theta_{n-1}[\mathcal{F}(X)-\mathcal{F}(x_{n-1})]\},
\end{array}\right.$$

θ_0, θ_1, ... θ_{n-1}, Θ_0, Θ_1, ... Θ_{n-1}, désignant des nombres inconnus, mais tous inférieurs à l'unité. Cela posé, en raisonnant sur la première des équations (9), comme nous l'avons fait sur la formule (5), on obtiendra facilement deux limites entre lesquelles sera renfermée la quantité $\mathcal{F}(x_1)$. Ces limites étant calculées, on tirera de la seconde des équations (9) deux nouvelles limites qui comprendront entre elles la quantité $\mathcal{F}(x_2)$; et, en continuant de la même manière, on finira par déduire de la dernière des équations (9) deux limites qui comprendront entre elles la quantité cherchée $\mathcal{F}(X)$.

Si l'on applique cette méthode générale à l'exemple déjà cité, et que l'on partage la différence $X - x_0 = 1$, en cinq élémens dont chacun soit égal à 0,2, les équations (9) deviendront

$$(10)\left\{\begin{array}{ll}
\mathcal{F}(0{,}2) & =0{,}2.\cos\left(\dfrac{0{,}2.\theta_0+\Theta_0\,\mathcal{F}(0{,}2)}{5}\right),\\
\mathcal{F}(0{,}4)-\mathcal{F}(0{,}2) & =0{,}2.\cos\left(\dfrac{0{,}2+0{,}2.\theta_1+\mathcal{F}(0{,}2)+\Theta_1[\mathcal{F}(0{,}4)-\mathcal{F}(0{,}2)]}{5}\right),\\
\mathcal{F}(0{,}6)-\mathcal{F}(0{,}4) & =0{,}2.\cos\left(\dfrac{0{,}4+0{,}2.\theta_2+\mathcal{F}(0{,}4)+\Theta_2[\mathcal{F}(0{,}6)-\mathcal{F}(0{,}4)]}{5}\right),\\
\mathcal{F}(0{,}8)-\mathcal{F}(0{,}6) & =0{,}2.\cos\left(\dfrac{0{,}6+0{,}2.\theta_3+\mathcal{F}(0{,}6)+\Theta_3[\mathcal{F}(0{,}8)-\mathcal{F}(0{,}6)]}{5}\right).\\
\mathcal{F}(1)-\mathcal{F}(0{,}8) & =0{,}2.\cos\left(\dfrac{0{,}8+0{,}2.\theta_4+\mathcal{F}(0{,}8)+\Theta_4[\mathcal{F}(1)-\mathcal{F}(0{,}8)]}{5}\right),
\end{array}\right.$$

De plus, comme les nombres θ_0, θ_1, θ_2, θ_3, θ_4 ; Θ_0, Θ_1, Θ_2, Θ_3, Θ_4 doivent tous rester inférieurs à l'unité, on s'assurera facilement que les valeurs des quantités

$$\mathcal{F}(0,2),\quad \mathcal{F}(0,4),\quad \mathcal{F}(0,6),\quad \mathcal{F}(0,8),\quad \mathcal{F}(1)$$

fournies par les équations (4) sont renfermées entre les valeurs de

$$y_1,\quad y_2,\quad y_3,\quad y_4,\quad Y$$

fournies par les deux systèmes d'équations

$$(11)\qquad \begin{cases} y_1 = 0,2 \,.\cos(0), \\ y_2 - y_1 = 0,2 \,.\cos\left(\dfrac{0,2 + y_1}{5}\right), \\ y_3 - y_2 = 0,2 \,.\cos\left(\dfrac{0,4 + y_2}{5}\right), \\ y_4 - y_3 = 0,2 \,.\cos\left(\dfrac{0,6 + y_3}{5}\right), \\ Y - y_4 = 0,2 \,.\cos\left(\dfrac{0,8 + y_4}{5}\right); \end{cases}$$

et

$$(12)\qquad \begin{cases} y_1 = 0,2 \,.\cos\left(\dfrac{0,2 + y_1}{5}\right), \\ y_2 - y_1 = 0,2 \,.\cos\left(\dfrac{0,4 + y_2}{5}\right), \\ y_3 - y_2 = 0,2 \,.\cos\left(\dfrac{0,6 + y_3}{5}\right), \\ y_4 - y_3 = 0,2 \,.\cos\left(\dfrac{0,8 + y_4}{5}\right), \\ Y - y_4 = 0,2 \,.\cos\left(\dfrac{1 + Y}{5}\right). \end{cases}$$

Or, on tirera successivement des formules (11),

$$(13)\qquad y_1 = 0,2,$$

$$y_2 = 0,3993\ldots,\quad y_3 = 0,5968\ldots,\quad y_4 = 0,7911\ldots,\quad Y = 0,9810\ldots;$$

et des formules (12),

(14) $$y_1 = 0,1993..,$$

$$y_2 = 0,3968.., \; y_3 = 0,5911.., \; y_4 = 0,7812.., \; Y = 0,9659...$$

Si l'on prend la demi-somme des nombres 0,9810.. et 0,9659.., savoir, 0,9735... pour valeurs de l'inconnue $\mathfrak{F}(1)$, l'erreur commise sera inférieure à la demi-différence

$$\frac{0,9810... - 0,9659...}{2} = 0,008....$$

Revenons maintenant à l'équation (1), et supposons que la fonction $f(x, y)$ croisse ou décroisse constamment, tandis qu'en attribuant à x une valeur finie, comprise entre les limites x_0, X, on fait varier y depuis $y = y_0$ jusqu'à $y = y_0 \pm A a$. Désignons d'ailleurs par

$$F(x, y) + \mathcal{C}$$

la valeur de l'intégrale indéfinie

$$\int f(x, y)\, dx,$$

dans laquelle y est considérée comme constante. Observons enfin que, dans le cas où trois fonctions de x, représentées par u, v, w vérifient les conditions $v > u$ et $v < w$, ou, ce qui revient au même, les conditions

$$v - u > 0 \quad \text{et} \quad w - v < 0,$$

pour toutes les valeurs de x comprises entre les limites $x = x_0$, $x = X$, les deux expressions

$$\int_{x_0}^{X} (u-v)dx = \int_{x_0}^{X} udx - \int_{x_0}^{X} vdx, \int_{x_0}^{X} (u-v)dx = \int_{x_0}^{X} udx - \int_{x_0}^{X} vdx,$$

sont, en vertu de la formule (19) de la 22.e leçon [tome I.er], des quantités de même signe, et que par suite la seconde des trois intégrales

$$\int_{x_0}^{X} u\,dx, \quad \int_{x_0}^{X} v\,dx, \quad \int_{x_0}^{X} w\,dx$$

obtient une valeur moyenne entre celles de la première et de la troisième. Comme, entre les limites dont il s'agit, la fonction $f[x, \mathcal{F}(x)]$ sera constamment supérieure à l'une des expressions

$$f[x, \mathcal{F}(x_0)], \quad f[x, \mathcal{F}(X)],$$

et constamment inférieure à l'autre, il est clair que l'intégrale qui forme le second membre de l'équation (3), aura une valeur moyenne entre celles des expressions

$$\int_{x_0}^{X} f[x, \mathcal{F}(x_0)]\,dx = F[X, \mathcal{F}(x_0)] - F[x_0, \mathcal{F}(x_0)],$$
$$\int_{x_0}^{X} f[x, \mathcal{F}(X)]\,dx = F[X, \mathcal{F}(X)] - F[x_0, \mathcal{F}(X)];$$

d'où il résulte qu'elle pourra être représentée par une autre expression de la forme

$$(15)\left\{\begin{aligned} &\int f\{x, \mathcal{F}(x_0) + \Theta[\mathcal{F}(X) - \mathcal{F}(x_0)]\}.dx \\ &= F\{X, \mathcal{F}(x_0) + \Theta[\mathcal{F}(X) - \mathcal{F}(x_0)]\} - F\{x_0, \mathcal{F}(x_0) + \Theta[\mathcal{F}(X) - \mathcal{F}(x_0)]\};\end{aligned}\right.$$

Θ désignant un nombre inférieur à l'unité. Donc l'équation (5) pourra être remplacée par la suivante :

$$(16)\left\{\begin{aligned} &\mathcal{F}(X) - \mathcal{F}(x_0) = \\ &F\{X, \mathcal{F}(x_0) + \Theta[\mathcal{F}(X) - \mathcal{F}(x_0)]\} - F\{x_0, \mathcal{F}(x_0) + \Theta[\mathcal{F}(X) - \mathcal{F}(x_0)]\}.\end{aligned}\right.$$

On prouverait avec la même facilité que, dans l'hypothèse admise, les équations (9) peuvent être remplacées par d'autres équations de la forme

$$
(17)\left\{
\begin{array}{c}
\mathcal{F}(x_1)-y_0= \\
F\{x_1,y_0+\Theta_0[\mathcal{F}(x_1)-y_0]\}-F\{x_0,y_0+\Theta_0[\mathcal{F}(x_1)-y_0]\}; \\
\mathcal{F}(x_2)-\mathcal{F}(x_1)= \\
F\{x_2,\mathcal{F}(x_1)+\Theta_1[\mathcal{F}(x_2)-\mathcal{F}(x_1)]\}-F\{x_1,\mathcal{F}(x_1)+\Theta_1[\mathcal{F}(x_2)-\mathcal{F}(x_1)]\}, \\
\&c. \ldots . \\
\mathcal{F}(X)-\mathcal{F}(x_{n-1})= \\
F\{X,\mathcal{F}(x_{n-1})+\Theta_{n-1}[\mathcal{F}(X)-\mathcal{F}(x_{n-1})]\}-F\{x_{n+1},\mathcal{F}(x_{n-1})+\Theta_{n-1}[\mathcal{F}(X)-\mathcal{F}(x_{n-1})]\},
\end{array}
\right.
$$

Θ_0, Θ_1, ... Θ_{n-1} désignant encore des nombres inférieurs à l'unité.

Les équations (16) et (17), comme les équations (5) et (9), fournissent le moyen de déterminer des limites souvent très-rapprochées, entre lesquelles la valeur de $\mathcal{F}(X)$ se trouve comprise.

Concevons, pour fixer les idées, que l'on considère de nouveau l'exemple déjà cité. On aura, dans ce cas,

$$f(x,y)=\cos\left(\frac{x+y}{5}\right),\quad \int\cos\left(\frac{x+y}{5}\right)dx=5\sin\left(\frac{x+y}{5}\right)+\textit{const.},$$

et l'on pourra prendre, en conséquence,

$$F(x,y)=5\sin\left(\frac{x+y}{5}\right).$$

Cela posé, l'équation (16) donnera

$$\mathcal{F}(1)=5\sin\frac{1+\Theta\mathcal{F}(1)}{5}-5\sin\frac{\Theta\mathcal{F}(1)}{5},$$

ou, ce qui revient au même,

$$(18)\qquad \mathcal{F}(1)=10\sin\left(\frac{1}{10}\right)\cos\frac{1+\Theta\mathcal{F}(1)}{10}.$$

Or, le nombre Θ devant rester inférieur à l'autre, on reconnaîtra facilement que la valeur de $\mathcal{F}(1)$, déterminée par la formule (18), diminue, tandis que ce nombre augmente, et demeure comprise entre les valeurs de Y fournies par les équations

$$(19)\qquad Y = 10\sin\left(\frac{1}{10}\right), \quad Y = 10\sin\left(\frac{1}{10}\right)\cos\left(\frac{1+2Y}{10}\right);$$

c'est-à-dire, entre les quantités

$$0{,}998\ldots, \quad 0{,}956\ldots$$

Si l'on prend la demi-somme de ces deux quantités, savoir, 0,977... pour valeur de l'inconnue $\mathcal{F}(1)$, l'erreur commise sera inférieure à la demi-différence

$$\frac{0{,}998\ldots - 0{,}956}{2} = 0{,}021\ldots$$

Si, au lieu de l'équation (16), on voulait employer les équations (17), et les appliquer à l'exemple cité, en supposant chacun des élémens de la différence $X - x_0$ égal à 0,2, on trouverait

$$(20)\begin{cases}
\mathcal{F}(0{,}2) = 10\sin(0{,}02)\cos\left[\dfrac{0{,}2 + 2\Theta_0\mathcal{F}(0{,}2)}{10}\right], \\
\mathcal{F}(0{,}4) - \mathcal{F}(0{,}2) = 10\sin(0{,}02)\cos\left[\dfrac{0{,}6 + 2\mathcal{F}(0{,}2) + 2\Theta_1[\mathcal{F}(0{,}4) - \mathcal{F}(0{,}2)]}{10}\right], \\
\mathcal{F}(0{,}6) - \mathcal{F}(0{,}4) = 10\sin(0{,}02)\cos\left[\dfrac{1{,}0 + 2\mathcal{F}(0{,}4) + 2\Theta_2[\mathcal{F}(0{,}6) - \mathcal{F}(0{,}4)]}{10}\right], \\
\mathcal{F}(0{,}8) - \mathcal{F}(0{,}6) = 10\sin(0{,}02)\cos\left[\dfrac{1{,}4 + 2\mathcal{F}(0{,}6) + 2\Theta_3[\mathcal{F}(0{,}8) - \mathcal{F}(0{,}6)]}{10}\right], \\
\mathcal{F}(1) - \mathcal{F}(0{,}8) = 10\sin(0{,}02)\cos\left[\dfrac{1{,}8 + 2\mathcal{F}(0{,}8) + 2\Theta_4[\mathcal{F}(1) - \mathcal{F}(0{,}8)]}{10}\right].
\end{cases}$$

Or, on s'assurera facilement que les valeurs de

$$\mathcal{F}(0{,}2), \quad \mathcal{F}(0{,}4), \quad \mathcal{F}(0{,}6), \quad \mathcal{F}(0{,}8), \quad \mathcal{F}(1),$$

déterminées par les équations (20), croissent, tandis que les nombres Θ_0, Θ_1, Θ_2, Θ_3, Θ_4 diminuent, et se trouvent par suite comprises entre les valeurs de

$$y', \quad y_2, \quad y_3, \quad y_4, \quad Y$$

fournies par les deux systèmes d'équations,

$$(21) \quad \left\{ \begin{array}{l} y_1 \qquad = 10 \sin(0{,}02) \cos(0{,}02), \\ y_1 - y_3 = 10 \sin(0{,}02) \cos[0{,}06 + 0{,}2 . y_1], \\ y_3 - y_2 = 10 \sin(0{,}02) \cos[0{,}10 + 0{,}2 . y_2], \\ y_4 - y_3 = 10 \sin(0{,}02) \cos[0{,}14 + 0{,}2 . y_3], \\ Y - y_4 = 10 \sin(0{,}02) \cos[0{,}18 + 0{,}2 . y_4]; \end{array} \right.$$

et

$$(22) \quad \left\{ \begin{array}{l} y_1 \qquad = 10 \sin(0{,}02) \cos[0{,}02 + 0{,}2 . y_1], \\ y_2 - y_1 = 10 \sin(0{,}02) \cos[0{,}06 + 0{,}2 . y_2], \\ y_3 - y_2 = 10 \sin(0{,}02) \cos[0{,}10 + 0{,}2 . y_3], \\ y_4 - y_3 = 10 \sin(0{,}02) \cos[0{,}14 + 0{,}2 . y_4], \\ Y - y_4 = 10 \sin(0{,}02) \cos[0{,}16 + 0{,}2 . Y]. \end{array} \right.$$

De plus, on tirera des formules (21)

$$(23) \qquad y_1 = 0{,}1999..,$$
$$y_2 = 0{,}3989.., \; y_3 = 0{,}5956.., \; y_4 = 0{,}7889.., \; Y = 0{,}9776..;$$

et des formules (22),

$$(24) \qquad y_1 = 0{,}1996..,$$
$$y_2 = 0{,}3976.., \; y_3 = 0{,}5928.., \; y_4 = 0{,}7841..; \; Y = 0{,}9702..;$$

puis, en prenant la demi-somme des nombres 0,9776.., 0,9702.., on obtiendra pour valeur approchée de $\mathcal{F}(1)$ le nombre 0,9739.., et l'on sera certain que l'erreur commise ne surpassera pas la demi-différence

$$\frac{0{,}9776\ldots - 0{,}9702}{2} = 0{,}003\ldots$$

En comparant les calculs que nous venons d'effectuer avec ceux de la page 77, on reconnaît que l'application des formules (9) et (17) à l'intégration de la formule (6) a notablement diminué la limite des erreurs commises. En effet, cette limite, représentée par $\frac{1}{10}$ dans la neuvième leçon, a été successivement réduite à 0,008... par l'emploi des équations (9), et à 0,03... par l'emploi des équations (17). On peut même remarquer que les valeurs approchées de $\mathcal{F}(1)$, déduites des formules (9) et (17), coïncident, dans les trois premiers chiffres significatifs, avec la valeur véritable 0,973... que nous avons précédemment obtenue [page 77].

Pour montrer une application nouvelle des formules (16) et (17), considérons l'équation différentielle

$$(25) \qquad dy = (x^{\frac{1}{2}} + y^{\frac{1}{2}})\,dx,$$

et supposons que, l'inconnue $y = \mathcal{F}(x)$ étant assujettie à s'évanouir avec x, on demande la valeur de y correspondante à $x = 1$. Comme en vertu de l'équation (25), la fonction dérivée

$$\mathcal{F}'(x) = x^{\frac{1}{2}} + [\mathcal{F}(x)]^{\frac{1}{2}}$$

sera positive, tant qu'elle conservera une valeur réelle, on peut assurer que la fonction $\mathcal{F}(x)$ sera toujours croissante avec x. De plus, il est clair que si l'on fait croître y, sans faire varier x, la fonction $x^{\frac{1}{2}} + y^{\frac{1}{2}}$ croîtra elle-même. Cela posé, l'équation (16) donnera

$$(26) \qquad \mathcal{F}(1) \pm \tfrac{2}{3} + [\Theta\,\mathcal{F}(1)]^{\frac{1}{2}},$$

ou, ce qui revient au même,

$$\{[\Theta\,\mathcal{F}(1)]^{\frac{1}{2}} - \tfrac{1}{2}\Theta\}^2 = \tfrac{1}{4}\Theta^2 + \tfrac{2}{3}\Theta;$$

puis, en extrayant les racines positives des deux membres, et observant que la quantité $\sqrt{\frac{1}{4}\Theta^2 + \frac{2}{3}\Theta}$, supérieure à $\frac{1}{2}\Theta$, ne peut devenir égale à $\frac{1}{2}\Theta - [\Theta \mathcal{F}(1)]^{\frac{1}{2}}$, l'on trouvera

$$[\Theta \mathcal{F}(1)]^{\frac{1}{2}} - \frac{1}{2}\Theta = \sqrt{\frac{1}{4}\Theta^2 + \frac{2}{3}\Theta},$$

$$\mathcal{F}(1) = \frac{1}{2}\Theta + \frac{2}{3} + \sqrt{\frac{1}{4}\Theta^2 + \frac{2}{3}\Theta}. \tag{27}$$

Or, le nombre Θ devant rester compris entre les limites 0 et 1, la valeur de $\mathcal{F}(1)$, déduite de l'équation (27), restera elle-même comprise entre les limites correspondantes

$$\frac{2}{3} = 0{,}666\ldots, \text{ et } \frac{1}{2} + \frac{2}{3} + \sqrt{\frac{1}{4} + \frac{2}{3}} = 2{,}124\ldots$$

Pour resserrer les limites de l'inconnue $\mathcal{F}(1)$, il suffirait de substituer les formules (17) à la formule (16). Si, pour fixer les idées, on partage la différence $X - x_0 = 1$ en dix élémens dont chacun soit égal à 0, 1, on tirera des équations (17)

$$(28)\begin{cases}
\mathcal{F}(0{,}1) = \\
0{,}005.\Theta_0 + \frac{2}{3}(0{,}1)^{\frac{3}{2}} \qquad + 01\sqrt{0{,}0025.\Theta_0{}^2 + \frac{2}{3}(0{,}1]^{\frac{3}{2}}\Theta_0} \\
\mathcal{F}(0{,}2) - \mathcal{F}(0{,}1) = \\
0{,}005.\Theta_1 + \frac{2}{3}[(0{,}1)^{\frac{3}{2}} - (0{,}1)^{\frac{3}{2}}] + 0{,}1\sqrt{0{,}0025.\Theta_1{}^2 + \frac{2}{3}[(0{,}2)^{\frac{3}{2}} - (0{,}1)^{\frac{3}{2}}]\Theta_1 + \mathcal{F}(0{,}1)}, \\
\mathcal{F}(0{,}3) - \mathcal{F}(0{,}2) = \\
0{,}005.\Theta_2 + \frac{2}{3}[(0{,}3)^{\frac{3}{2}} - (0{,}2)^{\frac{3}{2}}] + 0{,}1\sqrt{0{,}0025.\Theta_2\frac{2}{3} + \frac{2}{3}[(0{,}3)^{\frac{2}{3}} - (0{,}2)^{\frac{3}{2}}]\Theta_2 + \mathcal{F}(0{,}2)}, \\
\&c.\ldots \\
\mathcal{F}(1) - \mathcal{F}(0{,}9) = \\
0{,}005.\Theta_9 + \frac{2}{3}[1 - (0{,}9)^{\frac{3}{2}}] + 0{,}1\sqrt{0{,}0025.\Theta_9\frac{2}{3} + \frac{2}{3}[1 - (0{,}9)^{\frac{3}{2}}]\Theta_9 + \mathcal{F}(0{,}9)}.
\end{cases}$$

Or, on reconnaîtra sans peine que les valeurs de

$$\mathcal{F}(0,1),\ \mathcal{F}(0,2),\ \mathcal{F}(0,3)\ \ldots\ \mathcal{F}(0,9),\ \mathcal{F}(1),$$

déterminées par les formules (28), croissent ou diminuent avec les nombres Θ_0, Θ_1, Θ_2 ... Θ_8, Θ_9, et se trouvent par suite comprises entre les valeurs de

$$y_1,\ y_2,\ y_3,\ \ldots\ldots\ y_9,\ Y$$

fournies par les deux systèmes d'équations

$$(29)\quad\begin{cases} y_1 = \frac{2}{3}(0,1)^{\frac{3}{2}}, \\ y_2 - y_1 = \frac{2}{3}[(0,2)^{\frac{3}{2}} - (0,1)^{\frac{3}{2}}] + 0,1 . y_1^{\frac{1}{2}}, \\ y_3 - y_2 = \frac{2}{3}[(0,3)^{\frac{3}{2}} - (0,2)^{\frac{3}{2}}] + 0,1 . y_2^{\frac{1}{2}}, \\ \&c\ldots\ldots \\ Y - y_9 = \frac{2}{3}[1 - (0,9)^{\frac{3}{2}}] + 0,1 . y_9^{\frac{1}{2}}; \end{cases}$$

et

$$(30)\quad\begin{cases} y_1 = \\ 0,05 + \frac{2}{3}(0,1)^{\frac{3}{2}} + 0,1 . \sqrt{0,0025 + \frac{2}{3}(0,1)^{\frac{3}{2}}}, \\ y_2 - y_1 = \\ 0,05 + \frac{2}{3}[(0,2)^{\frac{3}{2}} - (0,1)^{\frac{3}{2}}] + 0,1 . \sqrt{0,0025 + \frac{2}{3}[(0,2)^{\frac{3}{2}} - (0,1)^{\frac{3}{2}}] + y_1}, \\ y_3 - y_2 = \\ 0,05 + \frac{2}{3}[(0,3)^{\frac{3}{2}} - (0,2)^{\frac{3}{2}}] + 0,1 . \sqrt{0,0025 + \frac{2}{3}[(0,3)^{\frac{3}{2}} - (0,2)^{\frac{3}{2}}] + y_2}, \\ \&c\ldots\ldots \\ Y - y_9 = \\ 0,05 + \frac{2}{3}[1 - (0,9)^{\frac{3}{2}}] + 0,1 . \sqrt{0,0025 + \frac{2}{3}[1 - (0,9)^{\frac{3}{2}}] + y_9}. \end{cases}$$

De plus, on tirera des formules (29)

$$(31)\left\{\begin{array}{l} y_1=0{,}0210..,\ y_2=0{,}0741..,\ y_3=0{,}1512..,\ y_4=0{,}2429..,\ y_5=0{,}3662..,\\ y_6=0{,}5008..,\ y_7=0{,}6522..,\ y_8=0{,}8096..,\ y_9=0{,}9917..,\ Y=1{,}1887..;\end{array}\right.$$

et des formules (30),

$$(32)\left\{\begin{array}{l} y_1=0{,}0414..,\ y_2=0{,}1136..,\ y_3=0{,}2092..,\ y_4=0{,}3255..,\ y_5=0{,}4604..;\\ y_6=0{,}6127..,\ y_7=0{,}7817..,\ y_8=0{,}9666..,\ y_9=1{,}1668..,\ Y=1{,}3768...\end{array}\right.$$

Si l'on prend la demi-somme des deux valeurs précédentes de Y, savoir,

$$\frac{1{,}188...+1{,}376...}{2}=1{,}28...$$

pour valeur approchée de $\mathcal{F}(1)$, l'erreur commise sera inférieure à la demi-différence

$$\frac{1{,}376...-1{,}188...}{2}=0{,}09...$$

Ainsi l'emploi des formules (17), avec la division de la différence $X-x_0$ en dix élémens, a suffi pour déterminer, à moins d'un dixième près, l'une des intégrales particulières de l'équation (25), dont l'intégrale générale, en termes finis, ne peut se déduire d'aucune des méthodes connues.

Si, en attribuant à y une valeur fixe comprise entre les limites y_0, $y_0\pm Aa$, et faisant croître la variable x depuis $x=x_0$ jusqu'à $x=X$, on obtient, pour la fonction $f(x, y)$ une série de valeurs croissantes, ou bien une série de valeurs décroissantes, les équations (16) et (17) pourraient être remplacées par d'autres formules du même genre. En effet, l'équation (1) étant présentée sous la forme

$$(33)\qquad \frac{dx}{f(x,y)}=dx,$$

et l'intégrale particulière que l'on cherche étant toujours désignée par $\mathcal{F}(x)$, on trouverait

$$(34) \qquad \int_{x_0}^{X} \frac{\mathcal{F}'(x)\,dx}{f[x,\mathcal{F}(x)]} = X - x_0.$$

De plus, si l'on fait, pour abréger,

$$\int \frac{dy}{f(x,y)} = F(x,y) + \mathcal{C},$$

et, si l'on représente par θ un nombre inconnu, mais inférieur à l'unité, on aura, dans l'hypothèse admise,

$$(35)\left\{\begin{aligned} &\int_{x_0}^{X} \frac{\mathcal{F}'(x)\,dx}{f[x,\mathcal{F}(x)]} = \int_{x_0}^{X} \frac{\mathcal{F}'(x)\,dx}{f[x_0+\theta(X-x_0),\mathcal{F}(x)]} \\ &= F[x_0+\theta(X-x_0),\mathcal{F}(X)] - F[x_0+\theta(X-x_0),\mathcal{F}(x_0)]. \end{aligned}\right.$$

Cela posé, l'équation (34) deviendra

$$(36) \qquad F[x_0+\theta(X-x_0),\mathcal{F}(X)] - F[x_0+\theta(X-x_0),\mathcal{F}(x_0)] = X - x_0.$$

On déduira facilement de cette dernière formule deux limites qui comprendront entre elles la quantité $\mathcal{F}(X)$, et, si l'on veut resserrer ces mêmes limites, il suffira de substituer à l'équation (36) une suite d'équations de la forme

$$(37)\left\{\begin{aligned} &F[x_0+\theta_0(x_1-x_0),\mathcal{F}(x_1)] - F[x_0+\theta_0(x_1-x_0),\mathcal{F}(x_0)] = x_1 - x_0, \\ &F[x_1+\theta_1(x_2-x_1),\mathcal{F}(x_2)] - F[x_1+\theta_1(x_2-x_1),\mathcal{F}(x_1)] = x_2 - x_1, \\ &\&c\ldots\ldots \\ &F[x_{n-1}+\theta_{n-1}(X-x_{n-1}),\mathcal{F}(X)] - F[x_{n-1}+\theta_{n-1}(X-x_{n-1}),\mathcal{F}(x_{n-1})] = X - x_{n-1}. \end{aligned}\right.$$

Si l'on considère en particulier l'équation (6), on trouvera

$$F(x,y) + \mathcal{C} = \int \frac{dy}{\cos\left(\frac{x+y}{5}\right)} = 5\, l\,\mathrm{tang}\left(\frac{\pi}{4} + \frac{x+y}{10}\right) + const.$$

On pourra donc prendre

$$F(x,y) = 5\, l \operatorname{tang}\left(\frac{\pi}{4} + \frac{x+y}{10}\right);$$

et par suite, on tirera de l'équation (36)

$$l \operatorname{tang}\left(\frac{\pi}{4} + \frac{x_0 + \theta(X - x_0) + \mathcal{F}(X)}{10}\right) - l \operatorname{tang}\left(\frac{\pi}{4} + \frac{x_0 + \theta(X - x_0) + \mathcal{F}(x_0)}{10}\right) = \frac{X - x_0}{5},$$

ou, ce qui revient au même;

$$(38)\quad \operatorname{tang}\left(\frac{\pi}{4} + \frac{x_0 + \theta(X - x_0) + \mathcal{F}(X)}{1}\right) = e^{\frac{X - x_0}{5}} \operatorname{tang}\left(\frac{\pi}{4} + \frac{x_0 + \theta(X - x_0) + \mathcal{F}(x_0)}{10}\right);$$

puis, en supposant, comme nous l'avons déjà fait, $x_0 = 0$, $\mathcal{F}(x_0) = 0$ et $X = 1$, on aura

$$(39)\qquad \operatorname{tang}\left(\frac{\pi}{4} + \frac{\theta + \mathcal{F}(1)}{10}\right) = e^{\frac{1}{5}} \operatorname{tang}\left(\frac{\pi}{x} + \frac{\theta}{10}\right),$$

et par conséquent,

$$(40)\quad \operatorname{tang}\frac{\mathcal{F}(1)}{10} = \left(e^{\frac{1}{5}} - 1\right) \frac{\operatorname{tang}\left(\frac{\pi}{4} + \frac{\theta}{10}\right)}{1 + e^{\frac{1}{5}} \operatorname{tang}^2\left(\frac{\pi}{4} + \frac{\theta}{10}\right)} = \frac{e^{\frac{1}{5}} - 1}{\cot\left(\frac{\pi}{4} + \frac{\theta}{10}\right) + e^{\frac{1}{5}} \operatorname{tang}\left(\frac{\pi}{4} + \frac{\theta}{10}\right)};$$

Or, il est aisé de s'assurer que la valeur de $\mathcal{F}(1)$ déterminée par l'équation (40) est comprise entre les valeurs de Y données par les formules

$$(41)\left\{\begin{aligned} &\operatorname{tang}\frac{Y}{10} = \\ &\frac{e^{\frac{1}{5}} - 1}{\cot\left(\frac{\pi}{4}\right) + e^{\frac{1}{5}} \operatorname{tang}\left(\frac{\pi}{4}\right)} = \frac{e^{\frac{1}{5}} - 1}{e^{\frac{1}{5}} + 1},\ \operatorname{tang}\frac{Y}{10} = \frac{e^{\frac{1}{5}} - 1}{\cot\left(\frac{\pi}{4} + \frac{1}{10}\right) + e^{\frac{1}{5}} \operatorname{tang}\left(\frac{\pi}{4} + \frac{1}{10}\right)} \end{aligned}\right.$$

c'est-à-dire, entre les nombres 0,993..., 0,953... Si l'on prend la demi-somme de ces deux nombres, savoir, 0,973... pour valeur approchée de $\mathcal{F}(1)$, l'erreur commise sera inférieure à la demi-différence.

$$\frac{0{,}993\ldots - 0{,}953\ldots}{2} = 0{,}020\ldots,$$

et sera effectivement nulle à l'égard des trois premiers chiffres significatifs [*voyez* la page 77].

Considérons encore l'équation différentielle

$$(42) \qquad dy = (x^2 + y^2).dx, \quad \text{ou} \quad dx = \frac{dy}{x^2 + y^2};$$

et soit toujours $y = \mathcal{F}(x)$ l'intégrale particulière qui possède la propriété de s'évanouir avec x. Comme on aura identiquement

$$\mathcal{F}'(x) = x^2 + [\mathcal{F}(x)]^2,$$

il est clair que la fonction $\mathcal{F}'(x)$ sera constamment positive, et que la fonction $\mathcal{F}(x)$ croîtra sans cesse avec la varable x. De plus, on trouvera

$$\int \frac{dy}{x^2 + y^2} = \frac{1}{x} \text{ arc tang } \frac{y}{x} + C,$$

et par suite, l'équation (36) donnera

$$\frac{1}{x_0 + \theta(X - x_0)}\left[\text{arc tang}\frac{\mathcal{F}(X)}{x_0 + \theta(X - x_0)} - \text{rac tang}\frac{\mathcal{F}(x_0)}{x_0 + \theta(X - x_0)}\right] = X - x_0.$$

On en conclura

$$(43) \quad \mathcal{F}(X) = [x_0 + \theta(X - x_0)]\,\frac{\mathcal{F}(x_0) + [x_0 + \theta(X - x_0)]\,\text{tang}\{(X - x_0)[x_0 + \theta(X - x_0)]\}}{x_0 + \theta(X - x_0) - \mathcal{F}(x_0)\,\text{tang}\{(X - x_0)[x_0 + \theta(X - x_0)]\}},$$

Si maintenant on pose $x_0 = 1$, $X = 1$, on tirera de la formule (43)

$$(44) \qquad \mathcal{F}(1) = \theta \text{ tang } \theta.$$

Il résulte de cette dernière que la quantité $\mathcal{F}(1)$ est nécessairement comprise entre les limites

$$0, \quad \text{et} \quad \tang(1) = \tang(63^{d},66',19) = 1,5574\ldots$$

Pour resserrer ces limites, il suffirait de partager la différence $X-x_0=1$ en plusieurs élémens, puis de substituer à l'équation (43) une suite d'équations analogues et correspondantes aux élémens dont il s'agit.

On peut encore étendre les principes que nous venons d'établir, de manière à obtenir une méthode d'intégration immédiatement applicable à une équation différentielle de la forme

$$(45) \qquad P\,dx + Q\,dy = 0,$$

P et Q désignant deux fonctions quelconques des variables x, y. En effet, soit $y = \mathcal{F}(x)$ une intégrale particulière de l'équation (45), et représentons par P et Q ce que deviennent les fonctions P et Q, quand y substitue $\mathcal{F}(x)$ à la variable y. On aura identiquement

$$(46) \qquad P\,dx + Q\,\mathcal{F}'(x)\,dx = 0;$$

puis on en conclura, en intégrant chaque terme entre les limites $x=x_0$, $x=X$,

$$(47) \qquad \int_{x_0}^{X} P\,dx + \int_{x_0}^{X} Q\,\mathcal{F}'(x)\,dx = 0.$$

Or, à l'aide des raisonnemens précédemment employés, on pourra, si la différence $X-x_0$ ne dépasse pas certaines limites, transformer les deux intégrales

$$\int_{x_0}^{X} P\,dx, \quad \int_{x_0}^{X} Q\,\mathcal{F}'(x)\,dx$$

en expressions algébriques qui renferment uniquement les quantités x, X, $\mathcal{F}(x)$, $\mathcal{F}(X)$, avec des nombres inconnus, mais inférieurs à l'unité, et après cette transformation, l'équation (45) formera entre les quantités et les nombres dont il s'agit une relation de laquelle on déduira en général, non pas la valeur exacte de $\mathcal{F}(X)$, mais au moins des limites entre lesquelles cette valeur sera comprise. Pour resserrer ces limites, il suffira d'opérer plusieurs fois de la même manière, après avoir partagé en plusieurs élémens la différence $X - x_0$.

Les calculs qu'exige la méthode précédente, se simplifiant lorsque la quantité P est fonction de la variable a, ou la quantité Q fonction de la seule variable y, si l'on suppose, pour fixer les idées, que P ou Q se réduise à l'unité, on se trouvera naturellement ramené aux formules (5) et (9), (16) et (17), (36) et (37).

Plusieurs des méthodes que nous venons d'indiquer, peuvent être appliquées immédiatement à l'intégration de l'équation (1), dans le cas même où les valeurs initiales x_0, $\mathcal{F}(x_0)$ des variables x et y rendraient infinie ou indéterminée la fonction $f(x, y)$. Pour appuyer cette assertion par un exemple, considérons l'équation différentielle

$$(48) \qquad dy = \frac{dx}{y(x^2 + y^2)}.$$

Comme on aura

$$\int y(x^2 + y^2)\,dy = \tfrac{1}{2} x^2 y^2 + \tfrac{1}{4} y^4 + \mathcal{C},$$

la formule (36) donnera

$$[x_0 + \theta(X - x_0)]^2 \frac{[\mathcal{F}(X)]^2 - [\mathcal{F}(x_0)]^2}{2} + \frac{[\mathcal{F}(X)]^4 - [\mathcal{F}(x_0)]^4}{4} = X - x_0,$$

et l'on en conclura

$$\{[\mathcal{F}(X)]^2 + [x_0 + \theta(X - x_0)]^2\}^2 = \{[\mathcal{F}(x_0)]^2 + [x_0 + \theta(X - x_0)]^2\}^2 + 4(X - x_0);$$

puis, en extrayant les racines carrées positives des deux nombres, et faisant passer un terme du premier membre dans le second

$$(49) \quad [\mathcal{F}(X)]^2 = -[x_0 + \theta(X - x_0)]^2 + \sqrt{\{\mathcal{F}[((x_0)]^2 + [x_0 + \theta(X - x_0)]^2\}^2 + 4(X - x_0)}.$$

Le nombre θ devant rester compris entre les limites o et 1, on reconnaîtra sans peine que la valeur numérique de $\mathcal{F}(X)$ déterminée par la formule (49), est une moyenne entre les valeurs numériques de Y, fournies par les équations

$$(50)\qquad \begin{aligned} Y^2 &= -x_0^2 + \sqrt{(x_0^2+y_0^2)^2+4(X-x_0)},\\ Y^2 &= -X^2 + \sqrt{(X^2+y_0^2)^2+4(X-x_0)}, \end{aligned}$$

dans lesquelles nous avons écrit, pour abréger, y_0 au lieu de $\mathcal{F}(x_0)$. Supposons maintenant que, $y = \mathcal{F}(x)$ étant assujettie à s'évanouir avec x, on demande la quantité $\mathcal{F}(1)$. On aura $x_0 = 0$, $y_0 = \mathcal{F}(x_0) = 0$, $X = 1$; et par suite la valeur numérique de $\mathcal{F}(0)$ se trouvera comprise entre les valeurs numériques de Y données par les formules

$$(51)\qquad Y^2 = \sqrt{4} = 2,\qquad Y^2 = -1+\sqrt{5} = 1,2360\ldots,$$

c'est-à-dire, entre les nombres

$$\sqrt{2} = 1,4142\ldots,\quad \text{et}\quad \sqrt{-1+\sqrt{5}} = 1,1117\ldots.$$

Si l'on veut resserrer les limites de la valeur numérique de $\mathcal{F}(1)$, il suffira de substituer aux équations (50) une suite d'équations du même genre. Admettons, pour fixer les idées, que l'on partage la différence $X - x_0 = 1$, en dix élémens dont chacun soit égal à 0, 1. On prouvera, en raisonnant comme ci-dessus, que les valeurs numériques des quantités

$$\mathcal{F}(0,1),\ \mathcal{F}(0,2),\ \mathcal{F}(0,3)\ \ldots\ \mathcal{F}(0,9),\ \mathcal{F}(1)$$

ont pour limites respectives les valeurs numériques des quantités

$$y_1,\ y_2,\ y_3\ \ldots\ldots\ y_9,\ Y$$

fournies par les deux systèmes d'équations

$$(52)\quad \begin{cases} y_1^2 = \sqrt{0,4}, \\ y_2^2 = -0,01 + \sqrt{(y_1^2 + 0,01)^2 + 0,4}, \\ y_3^2 = -0,04 + \sqrt{(y_2^2 + 0,04)^2 + 0,4}, \\ \&c\ldots\ldots \\ y_9^2 = -0,64 + \sqrt{(y_8^2 + 0,64)^2 + 0,4}, \\ Y^2 = -0,81 + \sqrt{(y_9^2 + 0,81)^2 + 0,4}; \end{cases}$$

et

$$(53)\quad \begin{cases} y_1^2 = -0,01 + \sqrt{(0,01)^2 + 0,4}; \\ y_2^2 = -0,04 + \sqrt{(y_1^2 + 0,04)^2 + 0,4}; \\ y_3^2 = -0,09 + \sqrt{(y_2^2 + 0,09)^2 + 0,4}; \\ \&c\ldots\ldots \\ y_9^2 = -0,81 + \sqrt{(y_8^2 + 0,81)^2 + 0,4}; \\ Y^2 = -1 \quad + \sqrt{(y_9^2 + 1)^2 + 0,4}. \end{cases}$$

Or, on tire des formules (52)

$$(54)\begin{cases} y_1^2=0,6324.., y_2^2=0,8915.., y_3^2=1,0859.., y_4^2=1,2451.., y_5^2=1,3808.., \\ y_6^2=1,4991.., y_7^2=1,6037.., y_8^2=1,6971.., y_9^2=1,7811.., Y^2=1,8571..; \end{cases}$$

et des formules (53)

$$(55)\begin{cases} y_1^2=0,6225.., y_2^2=0,8759.., y_3^2=1,0645.., y_4^2=1,2181.., y_5^2=1,3485..; \\ y_6^2=1,4618.., y_7^2=1,5617.., y_8^2=1,6507.., y_9^2=1,7306.., Y^2=1,8028... \end{cases}$$

Par conséquent, le carré de [illegible](1) sera compris entre les limites

$$1,8571\ldots; \quad 1,8028\ldots,$$

ou, ce qui revient au même, entre les carrés des nombres

$$1,3627\ldots, \quad 1,3426\ldots,$$

Si l'on prend la demi-somme de ces deux derniers nombres, savoir, 1,3526... pour valeur approchée de $\varpi(1)$, l'erreur commise sera inférieure à la demi-différence

$$\frac{1,3627\ldots - 1,3426\ldots}{2} = 0,01\ldots$$

On aura donc, à moins d'un centième près, $[\varpi(1)]^2 = (1,35\ldots)^2$, et par suite

(56) $$\varpi(1) = \pm\, 1,35\ldots$$

On ne doit pas être étonné de trouver ici la valeur de $\varpi(1)$ affectée d'un double signe, attendu que la fonction

$$f(x, y) = \frac{1}{y(x^2 + y^2)}$$

devient infinie pour les valeurs particulières $x = x_0 = 0$, $y = y_0 = 0$. Or, toutes les fois que cette circonstance se présente, il est possible que deux ou plusieurs valeurs de y remplissent la double condition de vérifier l'équation (1), et de se réduire à y_0 pour $x = x_0$. Il est d'ailleurs facile de s'assurer qu'il en sera ainsi dans le cas présent. En effet, si l'on désigne toujours par $y = \varpi(x)$ la valeur de y propre à s'évanouir avec x, et à vérifier l'équation (48), il est clair qu'on satisfera encore aux mêmes conditions en supposant $y = -\varpi(x)$. En d'autres termes, après avoir déterminé la fonction $\varpi(x)$ de manière à remplir les conditions prescrites, on pourra, sans inconvénient, changer le signe de cette fonction; ce qui entraînera un changement de signe dans les valeurs particulières de $\varpi(x)$, par exemple, dans la quantité $\varpi(1)$. Donc les deux valeurs de $\varpi(1)$, tirées de la formule (58), résoudront la question proposée.

TREIZIÈME LEÇON.

Exposition d'une Méthode à l'aide de laquelle on peut intégrer par approximation des Équations différentielles simultanées du premier ordre entre plusieurs variables x, y, z..

DANS les leçons précédentes, nous avons exposé diverses méthodes à l'aide desquelles on peut intégrer, soit exactement, soit du moins par approximation, une équation différentielle du premier ordre entre deux variables x, y. Supposons maintenant qu'au lieu d'une seule équation de cette espèce, on donne plusieurs équations différentielles du premier ordre entre la variable x, et des fonctions inconnues de x représentées par y, z ... Ces équations différentielles, qui renfermeront, avec la variable x, les fonctions y, z... et leurs dérivées du premier ordre, savoir, $\frac{dy}{dx}$, $\frac{dz}{dx}$ ... devront être en même nombre que les fonctions dont il s'agit, si l'on veut qu'aucune de celles-ci ne demeure indéterminée. En conséquence, on pourra généralement tirer des équations proposées les valeurs de $\frac{dy}{dx}$, $\frac{dz}{dx}$... en x, y, z...; et il ne restera plus alors qu'à trouver pour y, z ... des fonctions de x propres à vérifier des équations *simultanées* de la forme

$$(1) \qquad dy = f(x, y, z \ldots) dx, \quad dz = \mathrm{f}(x, y, z \ldots) dx, \quad \&c\ldots$$

J'ajoute que ces équations ne suffiront pas encore pour déterminer complétement les fonctions inconnues, qui pourront de plus être assujetties à prendre des valeurs particulières données y_0, z_0..., aussitôt que l'on attribuera une certaine valeur x_0 à la variable x. C'est ce que l'on prouvera sans peine à l'aide des principes que nous allons établir.

Concevons que, x_0, X étant deux valeurs particulières de x, on désigne par

$$x_1, \quad x_2, \ldots\ldots \; x_{n-1}$$

des quantités intermédiaires entre les limites x_0, X, et qui aillent toujours en croissant ou en décroissant depuis la première limite jusqu'à la seconde. Supposons, en outre, qu'aux quantités

$$(2) \qquad x_0, \; x_1, \; x_2, \ldots\ldots \; x_{n-1}, \; X,$$

on fasse correspondre d'autres suites de quantités, savoir,

$$(3) \qquad \left\{ \begin{array}{l} y_0, \; y_1, \; y_2 \ldots\ldots\ldots \; y_{n-1}, \; Y, \\ z_0, \; z_1, \; z_2 \ldots\ldots\ldots \; z_{n-1}, \; Z, \\ \&c.\ldots\ldots \end{array} \right.$$

les premiers termes des différentes suites étant y_0, z_0 ..., et les autres termes étant déterminés par le moyen des équations

$$(4) \quad \left\{ \begin{array}{ll} y_1 - y_0 = (x_1 - x_0)\, f(x_0, y_0, z_0 \ldots), & \\ z_1 - z_0 = (x_1 - x_0)\, \mathrm{f}(x_0, y_0, z_0 \ldots), & \&c.; \\ y_2 - y_1 = (x_2 - x_1)\, f(x_1, y_1, z_1 \ldots), & \\ z_2 - z_1 = (x_2 - x_1)\, \mathrm{f}(x_1, y_1, z_1 \ldots), & \&c.; \\ \&c.\ldots\ldots\ldots\ldots\ldots\ldots\ldots\ldots\ldots & \\ \&c.\ldots\ldots\ldots\ldots\ldots\ldots\ldots\ldots\ldots & \\ Y - y_{n-1} = (X - x_{n-1})\, f(x_{n-1}, y_{n-1}, z_{n-1} \ldots), & \\ Z - z_{n-1} = (X - x_{n-1})\, \mathrm{f}(x_{n-1}, y_{n-1}, z_{n-1} \ldots), & \&c. \end{array} \right.$$

Il suffira évidemment d'éliminer entre ces équations y_1, y_2 ... y_{n-1};

z_1, z_2 ... z_{n-1}; &c.... pour obtenir des valeurs de Y, Z... exprimées en fonctions des seules quantités

$$(5) \qquad x_0,\ x_1,\ x_2,\ \ldots.\ x_{n-1},\ X;\ y_0,\ z_0,\ \ldots$$

Soient

$$(6) \quad \begin{cases} Y = f(x_0,\ x_1,\ x_2\ \ldots..\ x_{n-1},\ X,\ y_0,\ z_0\ \ldots); \\ Z = F(x_0,\ x_1,\ x_2\ \ldots..\ x_{n-1},\ X,\ y_0,\ z_0\ \ldots); \\ \&c\ldots.. \end{cases}$$

ces mêmes valeurs. Elles jouiront de plusieurs propriétés remarquables qui résultent des théorèmes que nous allons énoncer.

1.er Théorème. *Supposons que, pour toutes les valeurs de* x *renfermées entre les limites* x_0, X, *les fonctions*

$$f(x,\ y,\ z\ \ldots),\quad \mathrm{f}(x,\ y,\ z\ \ldots),\ \&c\ldots.$$

restent continues par rapport aux variables x, y, z ... *et obtiennent des valeurs numériques inférieures aux nombres*

$$A,\quad A',\quad \&c\ldots..$$

Les valeurs de Y, Z... *déterminées par les équations* (6), *pourront être présentées sous les formes*

$$(7) \quad \begin{cases} Y = y_0 + (X-x_0)\, f\{x_0 + \theta(X-x_0),\ y_0 \pm \Theta A(X-x_0),\ z_0 \pm \Theta' A'(X-x_0), \ldots\} \\ Z = z_0 + \&c\ldots. \\ \&c\ldots.. \end{cases}$$

θ, Θ, Θ' ... *désignant des nombres inférieurs à l'unité.*

Démonstration. On tire des équations (4)

$$(8)\left\{\begin{array}{l} Y-y_0=(x_1-x_0)f(x_0,y_0,z_0\ldots)+(x_2-x_1)f(x_1,y_1,z_1\ldots)+\&c.\ldots \\ \ldots\ldots\ldots\ldots\ldots\ldots+(X-x_{n-1})f(x_{n-1},y_{n-1},z_{n-1}\ldots), \\ Z-z_0=(x_1-x_0)\mathrm{f}(x_0,y_0,z_0\ldots)+(x_2-x_1)\mathrm{f}(x_1,y_1,z_1\ldots)+\&c.\ldots \\ \ldots\ldots\ldots\ldots\ldots\ldots+(X-x_{n-1})\mathrm{f}(x_{n-1},y_{n-1},z_{n-1}\ldots), \\ \&c.\ldots\ldots \end{array}\right.$$

puis, en raisonnant comme à la page 41, on en conclut

$$(9)\qquad Y=y_0\pm\Theta A(X-x_0),\quad Z=z_0\pm\Theta' A'(X-x_0),\quad \&c.\ldots;$$

Θ, Θ' désignant des nombres inférieurs à l'unité. On prouverait de la même manière que les quantités y_1, y_2 ... y_{n-1} se réduisent à des expressions de la forme $y_0\pm\Theta A(X-x_0)$, les quantités z_0, z_1 ... z_{n-1} à des expressions de la forme $z_0\pm\Theta' A'(X-x_0)$, &c..... Par suite, les coefficiens des binomes

$$x_1-x_0,\quad x_2-x_1,\quad \ldots\ldots\quad X-x_{n-1},$$

dans la première des équations (8), savoir,

$$(10)\qquad f(x_0,y_0,z_0\ldots),\ f(x_1,y_1,z_1\ldots)\ \ldots\ldots\ f(x_{n-1},y_{n-1},z_{n-1}),$$

sont des valeurs particulières de l'expression

$$(11)\qquad f[x_0+\theta(X-x_0),\ y_0\pm\Theta A(X-x_0),\ z_0\pm\Theta' A'(X-x_0)],$$

qui correspondent à des valeurs de θ, Θ, Θ' ... comprises entre les limites 0 et 1. Or, concevons que le plus grand des coefficiens dont il s'agit se déduise de la formule (11), quand on y pose

$$\theta=\mu,\quad \pm\Theta=M,\quad \pm\Theta'=M',\quad \&c.\ldots;$$

et le plus petit, quand on y pose

$$\theta=\mu+\nu,\quad \pm\Theta=M+N,\quad \pm\Theta'=M'+N',\quad \&c.\ldots$$

Toute quantité moyenne entre ces coefficiens, ou, ce qui revient au même, entre les deux expressions

$$f[x_0+\mu(X-x_0),\ y_0+MA(X-x_0),\ z_0+M'A'(X-x_0),\ldots],$$
$$f[x_0+(\mu+\nu)(X-x_0),\ y_0+(M+N)A(X-x_0),\ z_0+(M'+N')A'(X-x_0),\ldots],$$

sera évidemment une valeur particulière de la suivante :

$$(12)\left\{\begin{array}{c} f[x_0+(\mu+\nu\zeta)(X-x_0),\\ y_0+(M+N\zeta)A(X-x_0),\ z_0+(M'+N'\zeta)A')X-x_0),\ldots] \end{array}\right.$$

correspondante à une valeur de ζ comprise entre les limites o, 1 ; et par conséquent une valeur particulière de la quantité (11), correspondante à des valeurs de θ, Θ, Θ' ... comprises entre les mêmes limites. D'ailleurs, la valeur de $Y-y_0$, donnée par la première des équations (8), est équivalente au produit la différence de $X-x_0$ par une moyenne de cette espèce. On aura donc

$$(13)\quad Y-y_0=(X-x_0)f[x_0+\theta(X-x_0),\ y_0\pm\Theta A(X-x_0),\ z_0\pm\Theta' A'(X-x_0),\ldots],$$

θ, Θ, Θ' désignant des nombres inconnus, mais inférieurs à l'unité. La valeur de Y, tirée de l'équation (13), est précisément celle que présente la première des formules (7). On obtiendrait avec la même facilité une équation semblable, et propre à déterminer la valeur de Z; &c....

Corollaire 1.er Si l'on supposait tous les élémens de la différence $X-x_0$, c'est-à-dire, les binomes

$$x_1-x_0,\ x_2-x_1,\ \ldots\ldots\ X-x_{n-1},$$

réduits à un seul qui serait cette différence elle-même, on aurait, à la place des formules (4), les équations

$$(14)\quad Y-y_0=(X-x_0)f(x_0,y_0,z_0\ldots),\ Z-z_0=(X-x_0)\,\mathrm{f}(x_0,y_0,z_0\ldots),\ \&c\ldots$$

En comparant la première de celles-ci à l'équation (13), on reconnaît que la division de la différence $X - x_0$ en élémens modifie le second facteur du produit qui représente la différence $Y - y_0$, en y faisant croître les quantités

$$x_0, \quad y_0, \quad z_0, \quad \&c.....$$

de manière que les valeurs numériques de leurs accroissemens soient inférieures à la valeur numérique du premier facteur, multipliée par las nombres

$$1, \quad A, \quad A', \quad \&c......$$

Des modifications semblables se manifestent dans les seconds facteurs des produits qui représentent les différences $Z - z_0$, &c....

Corollaire 2.e Soit m un nombre entier inférieur à n, et faisons

$$x_m = \xi, \quad y_m = \eta, \quad z_m = \zeta, \quad \&c.....$$

En ajoutant les unes aux autres celles des équations (4) qui renferment les quantités

$$y_m, \; y_{m+1} \ldots y_{n-1}, \; Y; \quad z_m, \; z_{m+1} \ldots z_{n-1}, \; Z; \quad \&c....$$

et employant des raisonnemens semblables à ceux dont nous nous sommes servis pour établir l'équation (13), on obtiendra d'autres équations de la forme

$$(15)\left\{\begin{array}{l} Y - \eta = (X-\xi) f[\xi + \theta(X-\xi), \; \eta \pm \Theta A(X-\xi), \; \zeta \pm \Theta' A'(X-\xi), \ldots], \\ Z - \zeta = \&c..... \\ \&c...... \end{array}\right.$$

2.e Théorème. *Désignons par* $H = \pm (X - x_0)$ *la valeur numérique de la différence* $X - x_0$. *Supposons d'ailleurs que, pour toutes les valeurs de* x *renfermées entre les limites* x_0, X, *les fonctions dérivées*

$$\frac{df(x,y,z\ldots)}{dy}, \; \frac{df(x,y,z\ldots)}{dz}, \ldots; \; \frac{df(x,y,z\ldots)}{dy}, \; \frac{df(x,y,z\ldots)}{dz}, \ldots; \; \&c..,$$

restent continues par rapport aux variables $x, y, z,$ *et conservent des valeurs numériques inférieures aux nombres*

$$C, \quad D, \ldots\ldots; \quad C', \quad D', \ldots\ldots; \quad \&c\ldots.$$

Dans cette hypothèse, si l'on attribue aux quantités

$$y_0, \quad z_0, \quad \&c\ldots\ldots$$

des accroissemens arbitraires désignés par

$$\beta_0, \quad \gamma_0, \quad \&c\ldots\ldots,$$

les accroissemens correspondans des quantités

$$Y, \quad Z, \quad \&c\ldots\ldots$$

déterminées par les équations (6), *seront tous de la forme*

$$(16) \qquad \pm \Theta \rho_0 e^{RH},$$

Θ *représentant un nombre inférieur à l'unité, et* ρ_0, R *d'autres nombres dont les valeurs seront données par les formules*

$$(17) \quad \rho_0 = \sqrt{\beta_0^2 + \gamma_0^2 + \&c.}, \qquad (18) \quad R = \sqrt{C^2 + D^2 + \ldots + C'^2 + D'^2 + \&c.}.$$

Démonstration. Soit

$$\varphi(x, y, z..)\, dx + \chi(x, y, z..)\, dy + \psi(x, y, z..)\, dz + \&c\ldots;$$

la différentielle totale de la fonction $f(x, y, z..)$, en sorte qu'on ait

$$(19) \quad \begin{cases} \dfrac{d f(x, y, z..)}{dx} = \varphi(x, y, z\ldots); & \dfrac{d f(x, y, z..)}{dy} = \chi(x, y, z..), \\ & \dfrac{d f(x, y, z..)}{dz} = \psi(x, y, z..), \&c.; \\ \ldots\ldots & \end{cases}$$

Soient en outre

$$\beta_1, \beta_2, \ldots \beta_{n-1}, \beta_n; \quad \gamma_1, \gamma_2 \ldots \gamma_{n-1}, \gamma_n; \quad \&c\ldots$$

les accroissemens respectifs que prennent, en vertu des équations (4), les quantités

$$y_1, y_2, \ldots y_{n-1}, Y; \quad z_1, z_2, \ldots z_{n-1}, Z; \quad \&c\ldots:$$

lorsqu'on attribue à y_0, z_0 ... les accroissemens β_0, γ_0 ... Enfin, représentons par θ, θ' ... Θ, Θ', &c.... des nombres inférieurs à l'unité. La première des équations (4), savoir,

$$y_1 - y_0 = (x_1 - x_0) f(x_0, y_0, z_0 \ldots),$$

devant subsister, quand on y fera croître y_0 de β_0, z_0 de γ_0, ... et y_1 de β_1, on en conclura

$$(20) \quad \beta_1 - \beta_0 = (x_1 - x_0)\,[f(x_0, y_0 + \beta_0, z_0 + \gamma_0 \ldots) - f(x_0, y_0, z_0 \ldots)].$$

De plus, comme la fonction

$$f(x + \alpha dx,\ y + \alpha dy,\ z + \alpha dz \ldots)$$

étant différente par rapport à la variable α, donne pour dérivée

$$\begin{aligned}\varphi(x+\alpha dx, y+\alpha dy, z+\alpha dz\ldots)dx + \chi(x+\alpha dx, y+\alpha dy, z+\alpha dz\ldots)dy& \\ + \psi(x+\alpha dx, y+\alpha dy, z+\alpha dz\ldots)dz& \\ + \&c\ldots\ldots&\end{aligned}$$

on tirera de la formule (14) de la 36.e leçon du tome 1.er, en y réduisant le nombre n à l'unité,

$$(21) \quad f(x+\alpha dx,\ y+\alpha dy,\ z+\alpha dz\ldots) - f(x, y, z\ldots) =$$

$$\alpha\left\{\begin{aligned}\varphi(x+\theta\alpha dx, y+\theta\alpha dy, z+\theta\alpha dz\ldots)dx + \chi(x+\theta\alpha dx, y+\theta\alpha dy, z+\theta\alpha dz\ldots)dy& \\ + \psi(x+\theta\alpha dx, y+\theta\alpha dy, z+\theta\alpha dz\ldots)dz& \\ + \&c\ldots\ldots&\end{aligned}\right\},$$

puis en posant $\alpha = 1$, $dx = 0$, et remplaçant $x, y, z \ldots dy, dz, \ldots$ par $x_0, y_0, z_0 \ldots \beta_0, \gamma_0 \ldots$ on trouvera

$$f(x_0, y_0 + \beta_0, z_0 + \gamma_0, \ldots) - f(x_0, y_0, z_0 \ldots) =$$
$$\beta_0 \chi(x_0, y_0 + \theta\beta_0, z_0 + \theta\gamma_0 \ldots) + \gamma_0 \psi(x_0, y_0 + \theta\beta_0, z + \theta\gamma_0 \ldots) + \&c\ldots$$

Enfin, il résulte de la formule (13) de la 11.e leçon du calcul différentiel que la valeur numérique de la somme

$$\beta_0 \chi(x, y, z \ldots) + \gamma_0 \psi(x, y, z \ldots) + \&c. \ldots$$

ne saurait surpasser le produit

$$[\beta_0^2 + \gamma_0^2 + \ldots]^{\frac{1}{2}} \{[\chi(x, y, z \ldots)]^2 + [\psi(x, y, z \ldots)]^2 + \&c. \ldots\}^{\frac{1}{2}}$$

qui, pour des valeurs de x comprises entre x_0 et X, restera lui-même inférieur au suivant

$$\sqrt{\beta_0^2 + \gamma_0^2 + \ldots} \quad \sqrt{C^2 + D^2 + \ldots}.$$

Cela posé, si l'on a égard à la formule (17), et si l'on fait, pour abréger,

$$(22) \qquad \sqrt{C^2 + D^2 + \ldots} = L, \quad \sqrt{C'^2 + D'^2 + \ldots} = L', \quad \&c. \ldots,$$

on reconnaîtra que la valeur numérique de la différence

$$f(x_0, y_0 + \beta_0, z_0 + \gamma_0 \ldots) - f(x_0, y_0, z_0 \ldots)$$

est inférieur au produit $L\beta_0$. On aura donc

$$f(x_0, y_0 + \beta_0, z_0 + \gamma_0 \ldots) - f(x_0, y_0, z_0 \ldots) = \pm \Theta L \rho_0,$$

et par conséquent l'équation (20) donnera

$$\beta_1 = \beta_0 \pm \Theta L \rho_0 (x_1 - x_0).$$

On trouvera de même

$$\gamma_1 = \gamma_0 \pm \Theta' L' \rho_0 (x_1 - x_0),$$

&c.....

Si maintenant on ajoute les uns aux autres les carrés des valeurs précédentes de β_1, γ_1, ..., et, si l'on pose généralement

(23) $$\rho_m = \sqrt{\beta_m^2 + \gamma_m^2 + \ldots};$$

on obtiendra la formule

(24) $$\rho_1^2 = \rho_0^2 \pm 2(\Theta L \beta_0 \pm \Theta' L'_0 \gamma \pm ..)\rho_0 (x_1 - x_0) + (\Theta^2 L^2 + \Theta'^2 L'^2 + ..)\rho_0^2 (x_1 - x_0)^2;$$

et, comme les valeurs numériques des sommès

$$\Theta^2 L^2 + \Theta'^2 L'^2 + \ldots, \quad \Theta L \beta_0 \pm \Theta' L' \gamma_0 \pm \&c..:$$

seront évidemment inférieures, la première au polynome

$$L^2 + L'^2 + \ldots = C^2 + D^2 + .. + C'^2 + D'^2 + .. = R^2,$$

la seconde au produit

$$\sqrt{\Theta^2 L^2 + \Theta'^2 L'^2 + \ldots} \quad \sqrt{\beta_0^2 + \gamma_0^2 + \ldots}$$

et, à plus forte raison, à

$$\sqrt{L^2 + L'^2 + \ldots} \quad \sqrt{\beta_0^2 + \gamma_0^2 + \ldots} = R \rho_0:$$

on tirera de l'équation (24), en supposant la différence $X - x_0$ positive,

(25) $$\rho_1^2 < \rho_0^2 + 2 R \rho_0^2 (x_1 - x_0) + R^2 \rho_0^2 (x_1 - x_0)^2;$$

et par suite

$$(26) \qquad \rho_1 < \rho_0 [1 + R(x_1 - x_0)] < \rho_0 e^{R(X - x_0)}.$$

En représentant plusieurs fois les mêmes raisonnemens, on obtiendra la série des formules

$$\rho_1 < \rho_0 e^{R(x_1 - x_0)},$$

$$\rho_2 < \rho_1 e^{R(x_2 - x_1)},$$

&c.....;

$$\rho_n < \rho_{n-1} e^{R(X - x_{n-1})},$$

puis l'on en conclura

$$(27) \qquad \rho_n < \rho_0 e^{R(X - x_0)}.$$

Si la différence $X - x_0$ devenait négative, les élémens

$$x_1 - x_0, \quad x_2 - x_1, \ldots\ldots X - x_{n-1}$$

le seraient eux-mêmes; et, il est clair qu'on devrait alors remplacer dans les formules (25), (26) et (27) $x_1 - x_0$ par $x_0 - x_1$, et $X - x_0$ par $x_0 - X$. Ainsi, l'on aurait, dans cette nouvelle supposition,

$$(28) \qquad \rho_n < \rho_0 e^{R(x_0 - X)}.$$

Ajoutons que les formules (27) et (28) sont comprises l'une et l'autre dans la suivante

$$\rho_n < \rho_0 e^{\pm R(X - x_0)},$$

que l'on peut réduire à

$$(29) \qquad \rho_n < \rho_0 e^{RH},$$

attendu que l'on est convenu de représenter par H la valeur numérique de la différence $X - x_0$. Comme on aura d'ailleurs

$$(30) \qquad \rho_n = \sqrt{\beta_n^2 + \gamma_n^2 + \ldots},$$

il est clair que le produit

$$\rho_0\, e^{RH}$$

supérieur, en vertu de la formule (29), à la quantité postitive ρ_n, surpassera encore, et à plus forte raison, les valeurs numériques des quantités β_n, γ_n, ... qui représentent les accroissemens de Y, Z... Donc chacun de ces accroissemens sera de la forme

$$\pm \Theta\, \rho_0\, e^{RH}.$$

Corollaire 1.er La quantité ρ_n, étant positive et inférieure au produit $\rho_0 e^{RH}$, pourra être représentée elle-même par une expression de la forme $\Theta\, \rho_0 e^{RH}$. Donc, si l'on fait, pour abréger,

$$(31) \qquad k = e^{CH},$$

l'on aura

$$(32) \qquad \rho_n = \Theta\, k\, \rho_0.$$

Θ désignant toujours un nombre inconnu, mais inférieur à l'unité; puis, en élevant au carré chaque membre de la formule (32), l'on trouvera

$$(33) \qquad \beta_n^2 + \gamma_n^2 + \ldots = \Theta^2 k^2 (\beta_0^2 + \gamma_0^2 + \ldots).$$

Corollaire 2.e Les quantités β_n, γ_n ..., qui doivent vérifier l'équation (33) deviennent infiniment petites en même temps que les quantités β_0. γ_0... Donc à des accroissemens infiniment petits des quantités y_0, z_0 ... correspondent toujours des accroissemens infiniment petits des quantités Y, Z ...; et par conséquent ces dernières sont des fonctions continues de y_0, z_0 ...

Corollaire 3.e Concevons que, parmi les équations (4), on conserve seulement celles qui renferment les quantités

$$y_m,\ y_{m+1},\ \ldots\ y_{n-1},\ Y;\ z_m,\ z_{m+1}\ \ldots\ z_{n-1},\ Z;\ \&c.\ldots]$$

Les équations conservées suffiront pour déterminer Y, Z, &c.... en fonctions des quantités

$$x_m,\ x_{m+1},\ \ldots\ x_{n-1},\ X;\ y_m,\ z_m,\ \ldots;$$

et l'on prouvera encore que, si l'on attribue à y_m, z_m ... certains accroissemens β_m, γ_m ..., les accroissemens correspondans de Y, Z... seront tous de la forme

$$\pm\Theta\,\rho_m\,e^{\pm R(X-x_m)},$$

la valeur de ρ_m étant toujours déterminée par l'équation (23). En d'autres termes, les accroissemens de Y, Z ... auront des valeurs numériques inférieures au produit

$$\rho_m\,e^{\pm R(X-x_m)},$$

et à plus forte raison au produit

$$(34)\qquad \rho_m\,e^{\pm R(X-x_0)} = \rho_m\,e^{RH} = k\,\rho_m.$$

3.e Théorème. *Les mêmes choses étant admises que dans les théorèmes 1.*[er] *et 2.*[e]*, si l'on fait décroître à l'infini les valeurs numériques des élémens de la différence* $X-x_0$, *les valeurs de* Y, Z ... *déterminées par les équations* (6) *convergeront vers des limites qui dépendent uniquement des quantités*

$$x_0,\ y_0,\ z_0,\ \&c.\ldots.$$

et de la quantité X.

Démonstration. Les quantités Y, Z... dépendent évidemment, 1.° des valeurs extrêmes de x représentées par x_0, X; 2.° des quantités y_0, z_0...; 3.° du nombre n et des valeurs mêmes des élémens dans lesquels on a divisé la différence $X-x_0$, ou, en d'autres termes, du mode de division adopté. Or, pour établir le 3.e théorème, il suffira de faire voir que, si les valeurs numériques des élémens deviennent très-petites et le nombre n très-considérable, le mode de division n'aura plus sur la valeur de Y qu'une influence insensible. C'est effectivement ce que l'on peut démontrer, comme il suit.

Lorsque les élémens de la différence $X-x_0$ se réduisent à un seul qui coïncide avec cette différence elle-même, les valeurs de Y, Z... sont déterminées par les équations (14). Lorsqu'au contraire on prend les binomes

$$(35) \qquad x_1-x_0, \quad x_2-x_1 \; \ldots\ldots \; X-x_{n-1}$$

pour élémens de la différence $X-x_0$, les équations (14) se trouvent remplacées par les formules (4), auxquelles on peut substituer les équations (7). Cela posé, concevons que les expressions (35) aient de très-petites valeurs numériques. Pour passer à un second mode de division dans lequel les valeurs numériques des élémens de la différence $X-x_0$ soient encore plus petites, il suffira de subdiviser chacune des expressions (35) en de nouveaux élémens. Or, on peut calculer approximativement le degré d'influence que chaque subdivision aura sur les valeurs de Y, Z... En effet, lorsqu'on partagera l'élément x_1-x_0 en plusieurs autres, la première des équations (4), savoir,

$$(36) \qquad y_1-y_0=(x_1-x_0)f(x_0, y_0, z_0 \ldots)$$

se trouvera remplacée par plusieurs équations de même forme, desquelles on tirera, par les raisonnemens qui ont servi à établir la formule (13) [*voyez* le théorème 1.er, et son premier corollaire],

$$(37) \qquad y_1-y_0=$$
$$(x_1-x_0)f[x_0+\theta(x_1-x_0),\; y_0\pm\Theta A(x_1-x_0),\; z_0\pm\Theta' A'(x_1-x_0), \ldots]$$

θ, Θ, Θ' ... désignant des nombres inférieurs à l'unité. Si l'on suppose en outre

ERRATA *

p. 7, l. 5, lire : $\dfrac{dz}{z + f(z)}$

p. 14, l. 10, lire : formule (45)

p. 17, l. 16, 17, 21, lire : f au lieu de F

p. 18, l. 2, lire : $y = Cx + f(C)$

p. 19, l. 18, lire : formule (18)

p. 20, l. 13, lire : équation (22)

p. 25, l. 7, lire : $\dfrac{d\left(\dfrac{Q}{Px + Qy}\right)}{dx}$

l. 9, lire : $\dfrac{x\dfrac{dQ}{dx} + y\dfrac{dQ}{dy}}{Q}$

p. 29, l. 4, lire : équation (11)

l. 14, lire : $\left(\dfrac{dy}{dx}\right)^3 = -4\,xy\,\dfrac{dy}{dx} + 8y^2$

p. 31, l. 15, lire : équation (1)

p. 33, l. 7, lire : $y = y_0\ e^{-\int_{x_0}^{x} F(x)\,dx}$

l. 13, lire : équation (15)

p. 35, l. 10, lire : $n - 1$ valeurs

p. 41, l. 18, lire : $y_0 \pm A(x_2 - x_0)$

p. 44, l. 21, lire : $\chi(x_0, y_0 + \theta\beta_0)$

p. 49, l. 18, lire : entier inférieur à n

p. 52, l. 10, lire : $\theta(X - x_0)$

p. 53, l. 5, lire : Corollaire

p. 57, l. 22, lire : Θ au lieu de θ

p. 58, l. 23, lire : $\theta = 0, \theta = 1$

p. 60, l. 2, lire : $a = 1{,}229...$, $A = 0{,}3983...$

p. 62, l. 3, lire : limites 1 et $1 - 0{,}1715...$

l. 22, lire : f au lieu de φ

p. 63, l. 20, lire : f au lieu de φ

p. 64, l. 1, lire : $x_0 + a$ au lieu de $x_0 + a_1$

l. 20, lire : $-3 - \mathcal{F}(1 + a)$ au lieu de $-3 + \mathcal{F}(1 + a)$

p. 68, l. 13, lire : a au lieu de α

p. 72, l. 23, lire : $\mu A_2 t^{\mu-1}$ au lieu de $A_2 t^{\mu-1}$

p. 74, l. 1, lire : $u', v', w'...$

l. 14, lire : $x - x_0$ au lieu de x

l. 17, lire : $f(x, y) = (x - x_0)^\lambda f_1(x, y) + (x - x_0)^\mu f_2(x, y) + (x - x_0)^\nu f_3(x, y) + ...$

---

* Établis par nous (C.-G.).

p. 77, l. 6, lire : $\frac{x_1 + y_1}{5} = 0{,}08$

l. 7 à 10, remarque : la mesure des angles est exprimée en grades

p. 79, l. 14, lire : $\left(\frac{1}{10}\right)^m$

p. 86, l. 3, lire : formules (16)

p. 96, l. 1, lire : $\mathcal{F}(x + h, \mathrm{C})$ au lieu de $\mathcal{F}(x + \theta h, \mathrm{C})$

p. 97, l. 11, lire : $\left(\frac{x}{y}\right)^{\frac{1}{2}}$ au lieu de $\left(\frac{x}{y}\right)^{\frac{2}{2}}$

p. 98, l. 8, lire : $\frac{dy}{yl(y)}$ au lieu de $\frac{dy}{l(y)}$

l. 12, lire : $1 + \frac{\sin \eta}{\eta}$

l. 18, lire : équation (5)

p. 100, l. 4, lire : deviendra lui-même

p. 104, l. 3, lire : $n - 1$ valeurs

p. 105, l. 5, lire : équations (10)

p. 106, l. 21, lire : w au lieu de u dans la seconde égalité

p. 107, l. 13, lire : $\int_{x_0}^{x}$ au lieu de $\int$

p. 108, l. 7, lire : x_{n-1} au lieu de x_{n+1}

l. 20, lire : $\cos \frac{1 + 2\,\Theta\,\mathcal{F}(1)}{10}$

l. 21, lire : inférieur à l'unité

p. 109, l. 3, lire : (19) $\mathrm{Y} = 10 \sin\left(\frac{1}{10}\right) \cos\left(\frac{1}{10}\right)$

l. 5, lire : 0,993 au lieu de 0,998

l. 6, lire : 0,974 au lieu de 0,977

l. 9, lire : 0,018 au lieu de 0,021

p. 110, l. 2, lire : y_1 au lieu de y^1

l. 5, lire : $y_2 - y_1$ au lieu de $y_1 - y_3$

l. 14, lire : 0,18 au lieu de 0,16

p. 111, l. 7, lire : 0,003 au lieu de 0,03

l. 23, lire : = au lieu de $\pm$

l. 25, lire : $-\frac{1}{2}\,\Theta \Big\}^2$

p. 112, l. 2, lire : $\sqrt{\frac{1}{4}\,\Theta^2 + \frac{2}{3}\,\Theta}$

l. 3, lire : $\frac{1}{2}$ au lieu de $\frac{2}{1}$

l. 4, lire : $[\Theta\mathcal{F}(1)]^{\frac{1}{2}}$

l. 15, lire : 0,1 au lieu de 01

l. 17, lire : $\frac{2}{3}\left[(0{,}2)^{\frac{3}{2}} - (0{,}1)^{\frac{3}{2}}\right]$

l. 19, lire : $0{,}0025\ \Theta_2^2 + \frac{2}{3}\Big[$

l. 22, lire : $0{,}0025\ \Theta_9^2 +$

p. 113, l. 1 et dans la suite de la leçon, lire : $\mathcal{F}$ au lieu de ■
l. 14 à 21, lire : 0,005 au lieu de 0,05
l. 18, lire : $(0{,}3)^{\frac{3}{2}}$ au lieu de $(0{,}3^{\frac{3}{2}}$; $\frac{3}{2}$ au lieu de $\frac{3}{2}$

p. 114, l. 23, lire : $\dfrac{dy}{f(x, y)}$

p. 116, l. 5, lire : $\dfrac{x_0 + \theta(X - x_0) + \mathcal{F}(X)}{10}$

l. 8, lire : $\frac{\pi}{4}$ au lieu de $\frac{\pi}{x}$

p. 117, l. 13, lire : $\frac{1}{x}$ au lieu de $\frac{1}{2}$
l. 18, lire : $x_0 = 0$

p. 118, l. 13, lire : on y substitue

p. 119, l. 7, lire : variable x
l. 25, lire : $\{\ [\mathcal{F}(x_0)]^2$

p. 122, l. 23, lire : formule (56)

p. 127, l. 7, lire : $A'(X - x_0)$

p. 130, l. 12, lire : $[f(x_0$
l. 15, lire : étant différenciée

p. 131, l. 18, lire : $L\rho_0$

p. 132, l. 10, lire : $\Theta' L' \gamma_0$

Correspondance entre les références de Cauchy
au tome Ier du Calcul infinitésimal (Debure éditeur, 1823)
et le tome IV de la série 2 des « Œuvres »
(Gauthier-Villars éditeur)

p. 3, l. 16 : Œuvres p. 154
p. 38, l. 9 : Œuvres p. 128
p. 69, l. 10 : Œuvres p. 46
p. 82, l. 10 : Œuvres p. 253
p. 93, l. 24 : Œuvres p. 138
p. 95, l. 5 : Œuvres p. 149
p. 98, l. 6 : Œuvres p. 138
p. 99, l. 17 : Œuvres p. 138
p. 100, l. 6 : Œuvres p. 40
p. 106, l. 22 : Œuvres p. 131
p. 130, l. 19 : Œuvres p. 217
p. 131, l. 5 : Œuvres p. 66

Programmes de l'enseignement

de l'École royale polytechnique arrêtés

par le Conseil de perfectionnement

PROGRAMME DU COURS D'ANALYSE (1819-20)

extrait

Ire ANNÉE

ANALYSE ALGÉBRIQUE

Notions sur les fonctions en général, sur la distinction des fonctions continues et discontinues, et sur celle des fonctions entières ou fractionnaires, rationnelles ou irrationnelles, simples ou composées, etc.

Expression des fonctions en séries convergentes. Règle sur la convergence des séries. Détermination des séries qui expriment les puissances négatives ou fractionnaires, les fonctions exponentielles et les logarithmes.

Considérations sur les imaginaires. Établir les équations

$$(\cos z + \sqrt{-1} \sin z)^n = \cos nz + \sqrt{-1} \sin nz,$$
$$\cos z + \sqrt{-1} \sin z = e^{z\sqrt{-1}}.$$

Conséquences qui en résultent par rapport aux logarithmes.

Développements des sinus et des cosinus en fonctions de l'arc, et de leurs puissances en séries de sinus et de cosinus d'arcs multiples.

Décomposition d'un polynôme entier et rationnel en facteurs réels du 2e degré. Résolution, soit algébriquement, soit par le moyen des tables de sinus, des équations du 3e et du 4e degré, et des équations de la forme

$$x^m + p = 0 \qquad \text{et} \qquad x^{2m} + px^m + q = 0.$$

Théorèmes de *Cotes* et de *Moivre*.

Décomposition des fractions rationnelles.

Théorie des séries récurrentes.

Formules d'interpolation.

PROGRAMME DU COURS D'ANALYSE (1822-23)

extrait

Ire ANNÉE

PRÉLIMINAIRES

Établir, quel que soit l'exposant n, l'équation

$$(\cos z + \sqrt{-1} \sin z)^n = \cos nz + \sqrt{-1} \sin nz;$$

application à la résolution des équations de la forme

$$x^m + p = 0, \qquad x^{2m} + px^m + q = 0.$$

Théorèmes de *Cotes* et de *Moivre*.

Théorème sur la décomposition d'un polynôme entier et rationnel en facteurs réels du second degré.

CALCUL DIFFÉRENTIEL ET INTÉGRAL

Principes fondamentaux du calcul différentiel.

Différentielles du premier ordre des fonctions simples, et des fonctions de fonctions d'une seule variable. — Intégrales correspondantes.

Différentielles des fonctions de plusieurs variables indépendantes, ou dépendantes d'une seule variable.

Méthodes pour intégrer les fractions rationnelles, les différentielles affectées d'un radical du second degré, les différentielles binômes et celles qui contiennent des fonctions exponentielles, logarithmiques et circulaires.

Différentielles des divers ordres pour les fonctions d'une ou de plusieurs variables.

Intégrales successives.

Conditions d'intégrabilité pour les fonctions différentielles du premier ordre de plusieurs variables indépendantes. Intégration des mêmes fonctions lorsqu'elles satisfont à ces conditions.

Théorème des fonctions homogènes.

Théorème de *Taylor* pour les fonctions d'une seule variable. — Extension de ce théorème aux fonctions de plusieurs variables.

Théorie des *maxima* et *minima*, pour les fonctions d'une ou de plusieurs variables.

Valeur des fractions qui se présentent sous la forme $\frac{0}{0}$.

Intégration par les séries.

Changement de la variable indépendante.

Différentielles des fonctions implicites, tant pour le premier ordre que pour les ordres supérieurs.

APPLICATION À LA GÉOMÉTRIE

Formules analytiques pour la détermination des tangentes et des normales aux courbes planes ou tracées dans l'espace, de leurs asymptotes, etc. Des plans tangents et des normales aux surfaces courbes.

Théorie des différents ordres de contacts des courbes et des surfaces.

Expressions diverses des rayons de courbure des courbes planes. Théorie des développées. Application à la cycloïde, etc.

Du rayon de courbure et du plan osculateur des courbes quelconques. Lieu de leurs développées. Application à l'hélice, etc.

Théorie de la courbure des surfaces.

Expression du rayon de courbure d'une section plane quelconque, normale ou inclinée, en fonction des rayons de plus grande et de plus petite courbure.

Usage des coordonnées polaires pour la détermination des tangentes, des rayons de courbure, etc.

Considérations géométriques sur la rectification des courbes, la quadrature des courbes et des surfaces courbes, et la cubature des solides.

Procédés du calcul intégral pour la solution des questions précédentes, comprenant les formules relatives aux solides de révolution, et celles qui se rapportent à des solides terminés par des surfaces quelconques. Ces formules devront être déduites de la considération des *infiniment petits*, et appliquées à plusieurs exemples. On insistera sur la détermination des limites des intégrales simples et doubles.

PROGRAMME DU COURS D'ANALYSE (1823-24)

extrait

IIᵉ ANNÉE

Détermination de quelques intégrales définies; exemples de leur détermination.

Intégration des équations différentielles du premier ordre. L'intégrale générale d'une semblable équation renferme une constante arbitraire. Recherche du facteur propre à rendre l'équation intégrable.

Intégrale de l'équation linéaire et de l'équation homogène du premier ordre.

Solutions particulières des équations différentielles du premier ordre, déduites de l'intégrale générale par la variation de la constante arbitraire. Intégrale générale et solution particulière de l'équation

$$y = xy' + \mathrm{F}(y'),$$

dans laquelle $y' = \dfrac{dy}{dx}$.

Intégration des équations différentielles d'un ordre quelconque. Nombre des constantes arbitraires qui doivent entrer dans l'intégrale complète d'une équation différentielle.

Théorèmes relatifs à l'intégration des équations linéaires d'un ordre quelconque; application au cas des équations à coefficients constants, avec un dernier terme variable.

Intégration des équations simultanées du premier ordre.

Intégration par séries des équations différentielles.

Notions analytiques les plus simples du calcul intégral aux différences partielles. Intégration de l'équation linéaire du premier ordre.

Éléments de la méthode des variations. On ne traitera que les intégrales qui contiennent le premier coefficient différentiel de la fonction. Application au problème de la plus vite descente et aux isopérimètres entre deux points fixes.

Éléments du calcul des différences finies, direct et inverse.

Formules d'interpolation. Usage de ces formules pour l'approximation des quadratures, cubatures et rectifications.

Équations des lignes de niveau et des lignes de plus grande pente sur une surface donnée.

Équation des lignes de courbure. Ces deux lignes sont rectangulaires et tangentes aux sections de plus grande et de moindre courbure que l'on peut faire dans la surface par des plans normaux. Équation de la surface, lieu des centres de courbure.

Application des recherches précédentes aux surfaces du second degré et à d'autres exemples.

Exprimer par des équations, soit en quantités finies, soit aux différences partielles, la génération des surfaces cylindriques et des surfaces coniques à bases quelconques; des surfaces de révolution, quel que soit le méridien; du conoïde de la voûte d'arête en tour ronde à base quelconque.

Intégrer les équations aux différences partielles de ces surfaces; trouver quelle doit être la forme de la fonction arbitraire, pour que la surface passe par une courbe donnée, ou soit circonscrite à une surface donnée.

Des surfaces qui enveloppent l'espace parcouru par une surface mobile et variable de forme. Équation des caractéristiques de ces surfaces et de leurs arêtes de rebroussement, déduites de l'équation finie de la surface mobile.

Exemple. Surfaces qui enveloppent l'espace parcouru par une sphère constante de rayon, et dont le centre se meut dans un des plans coordonnés. Trouver directement les équations en quantités finies et aux différences partielles.

Des surfaces développables. — Application au problème général des ombres.

achevé d'imprimer
sur les presses de l'Imprimerie Tardy Quercy S.A. Bourges
Dépôt légal : 4e trimestre 1980. N° 9950